Oltre l'Umano: Esplorazione nel Transumanesimo e il Futuro della Società

Tecnologia, Etica e Implicazioni: Una Guida Dettagliata alle Frontiere del Potenziamento Umano e alla Costruzione del Domani

Evoluzione Tecnologica

Singolarità Tecnologica:

Definizione:
La singolarità tecnologica è un punto ipotetico nel futuro in cui la tecnologia raggiunge un livello di avanzamento tale da provocare cambiamenti inimmaginabili e irrevocabili nella società umana. Uno dei cambiamenti principali è l'avvento della superintelligenza artificiale, che supererà l'intelligenza umana, dando origine a una rapida crescita tecnologica e a cambiamenti imprevedibili.

Origini:
Il concetto di singolarità tecnologica ha origine nelle opere di scienza fantasia, ma è stato formalizzato e portato nel discorso scientifico e filosofico da matematici e scrittori come Vernor Vinge e Ray Kurzweil. Vinge, nel 1993, ha ipotizzato che l'umanità sarebbe arrivata a un punto di "singolarità" entro 30 anni, dove i progressi tecnologici sarebbero diventati così rapidi da essere incomprensibili agli esseri umani.

Transumanesimo:

Definizione:
Il transumanesimo è un movimento culturale, filosofico e scientifico che sostiene l'utilizzo della scienza e della tecnologia per migliorare la condizione umana, eliminando le limitazioni e le sofferenze umane, e ampliando le capacità umane, sia a livello fisico che cognitivo.

Origini:

Il termine "transumanesimo" è stato coniato da Julian Huxley nel 1957, ma le radici del movimento possono essere rintracciate in diverse epoche storiche e in diverse discipline, dalla filosofia alla letteratura di fantascienza. L'idea di base è che gli esseri umani possono e dovrebbero usare la tecnologia per andare oltre i limiti naturali.

Entrambi i concetti, pur avendo origini e obiettivi diversi, condividono la visione di un futuro in cui la tecnologia ha il potenziale di trasformare radicalmente l'umanità e la società in modi che oggi possiamo appena immaginare.

La singolarità tecnologica e il transumanesimo sono concetti che hanno radici profonde nella storia del pensiero umano, ma che hanno acquisito significati e connotazioni particolari nel contesto contemporaneo.

Per quanto riguarda la singolarità tecnologica, si può dire che essa rappresenta un punto di svolta epocale nella storia dell'umanità. La velocità senza precedenti dei progressi tecnologici ha portato gli studiosi a riflettere sull'impatto che queste evoluzioni potrebbero avere sulla vita umana. Le tecnologie dell'informazione, la biotecnologia, la nanotecnologia e la neurotecnologia stanno ridefinendo i confini del possibile, sollevando interrogativi fondamentali sull'essenza stessa dell'essere umano e sul suo posto nell'universo.

Gli scenari prospettati dalla singolarità tecnologica sono molteplici e variegati. Alcuni visionari, come Ray Kurzweil, prevedono un futuro in cui l'intelligenza artificiale, fondendosi con l'intelligenza umana, porterà a un'era di abbondanza e prosperità, in cui i limiti biologici saranno superati e le malattie sradicate. Altri, invece, mettono in guardia dai rischi di un futuro dominato dalle macchine, in cui l'umanità potrebbe perdere il controllo delle tecnologie che ha creato.

Il concetto di transumanesimo si interseca e dialoga con quello di singolarità tecnologica. Il transumanesimo non è solo una filosofia o un movimento culturale, ma rappresenta un cambiamento di paradigma nella percezione dell'essere umano e del suo rapporto con la natura e la tecnologia. Julian Huxley, fratello del più famoso Aldous, ha coniato il termine transumanesimo con la visione di un'umanità che utilizza la scienza e la tecnologia per superare i propri limiti e raggiungere un nuovo stadio evolutivo.

Il transumanesimo esplora le possibilità di miglioramento delle capacità umane, non solo a livello fisico, ma anche mentale, emotivo e spirituale. Questa visione include la prospettiva di un'umanità in grado di controllare e dirigere il proprio processo evolutivo, superando le barriere imposte dalla biologia e dall'ambiente. Si parla quindi di potenziamento cognitivo, di estensione della vita, di miglioramento delle capacità sensoriali e motorie attraverso l'interfaccia uomo-macchina e di modificazione genetica.

Tuttavia, le promesse del transumanesimo sono accompagnate da sfide e dilemmi etici. Il dibattito sul miglioramento umano solleva questioni fondamentali sull'identità, sulla dignità e sul valore della vita umana. Vi è il rischio che le tecnologie di miglioramento possano accentuare le disuguaglianze e creare nuove forme di discriminazione e divisione sociale. Inoltre, la prospettiva di modificare la natura umana solleva interrogativi sulla nostra comprensione dell'essere umano e sul significato dell'esistenza.

Nel contesto contemporaneo, in cui la tecnologia permea ogni aspetto della vita quotidiana e redefine i confini del corpo e della mente, la riflessione sulla singolarità tecnologica e il transumanesimo diventa sempre più urgente e necessaria. Questi concetti invitano a interrogarsi sul futuro dell'umanità e sul ruolo della tecnologia nella definizione della nostra identità e del nostro destino. Le domande sollevate sono profonde e complesse, e le risposte sono tutt'altro che scontate. In questo scenario, la ricerca e il dibattito interdisciplinare diventano strumenti essenziali per navigare nell'incertezza e costruire un futuro in cui la tecnologia sia al servizio dell'umanità, e non il contrario.

Il dialogo tra la visione della singolarità tecnologica e quella transumanista apre nuove frontiere di pensiero e di azione. L'interazione tra intelligenza artificiale e biologia umana, tra macchine e mente, tra natura e tecnologia, sollecita una riconsiderazione dei valori e dei principi che guidano la società. In questo percorso di esplorazione e di scoperta, è fondamentale mantenere uno sguardo critico e riflessivo, valorizzando la diversità delle voci e delle prospettive, e promuovendo un approccio etico e responsabile all'innovazione tecnologica.

Il percorso verso la singolarità tecnologica e il transumanesimo è disseminato di incognite e di sfide, ma anche di opportunità e di speranze. Esso invita a ripensare il concetto di umanità, a immaginare nuovi scenari evolutivi e a costruire un futuro in cui l'individuo e la collettività possano realizzare appieno il proprio potenziale. In questo viaggio, la conoscenza, la creatività e la saggezza dell'essere umano sono risorse preziose e insostituibili, che possono illuminare la strada verso un mondo in cui la tecnologia e l'umanità convivano in armonia e reciproco arricchimento.

Dunque, prendendo in esame le profonde implicazioni e le sfaccettature complesse sia della singolarità tecnologica che del transumanesimo, possiamo trarre alcune conclusioni dettagliate.

La singolarità tecnologica, come ipotizzato da teorici come Vernor Vinge e Ray Kurzweil, è un concetto che sfida le nostre nozioni tradizionali di progresso e crescita. Questa teoria non soltanto predice un futuro in cui la crescita tecnologica sarà inarrestabile e esponenziale, ma pone anche domande fondamentali sulla natura dell'essere umano e il suo ruolo in un mondo in cui le macchine possono superare le capacità umane. I dilemmi etici, filosofici e sociali derivanti da questa prospettiva sono molteplici e necessitano di un'attenta riflessione e di un dialogo interdisciplinare.

Il transumanesimo, d'altro canto, con la sua visione di un'umanità migliorata e potenziata dalla tecnologia, apre orizzonti inesplorati di possibilità e di sfide. La prospettiva di estendere la vita umana, di potenziare le capacità cognitive e fisiche e di superare i limiti imposti dalla nostra biologia solleva interrogativi fondamentali sull'identità umana, sui valori etici e sulla struttura della società. Il rischio di creare disuguaglianze e di alterare l'essenza stessa dell'essere umano è un tema centrale del dibattito sul transumanesimo.

L'intersezione tra singolarità tecnologica e transumanesimo porta alla luce la tensione tra il potenziale creativo e distruttivo della tecnologia. Da un lato, abbiamo la possibilità di un futuro in cui l'umanità può trascendere i suoi limiti e creare una società più giusta, prospera e illuminata. Dall'altro, siamo di fronte ai pericoli di un'umanità divisa, in cui le tecnologie potenziative sono accessibili solo a una élite, e in cui le macchine e le intelligenze artificiali potrebbero sfuggire al controllo umano.

In questo contesto, la responsabilità di guidare lo sviluppo tecnologico in modo etico e sostenibile è più importante che mai. È necessario un approccio olistico che tenga conto delle implicazioni sociali, culturali, etiche e ambientali delle nuove tecnologie. La governance delle innovazioni, la regolamentazione e la creazione di standard etici sono elementi chiave per garantire che il percorso verso la singolarità tecnologica e il transumanesimo sia improntato al bene comune e al rispetto della dignità umana.

Infine, l'educazione e la sensibilizzazione sono strumenti essenziali per preparare l'umanità a navigare in questo territorio inesplorato. È fondamentale creare un dialogo aperto e inclusivo, in cui diverse voci e prospettive possano contribuire a modellare il futuro dell'umanità in relazione alla tecnologia. La ricerca interdisciplinare, l'arte, la filosofia e la spiritualità hanno un ruolo cruciale nel fornire le competenze e la saggezza necessarie per affrontare le sfide del domani.

In sintesi, la singolarità tecnologica e il transumanesimo rappresentano un cruciale punto di svolta per l'umanità, offrendo scenari futuri ricchi di possibilità ma anche intrisi di complessità e di rischi. Navigare in questo futuro richiederà saggezza, empatia, visione e, soprattutto, un impegno collettivo verso valori universali e il bene comune.

Principali Teorie e Proponenti

Singolarità Tecnologica:

Principali Teorie:

1. **Legge di Moore:** Gordon Moore ha teorizzato che il numero di transistor su un microchip raddoppierà circa ogni due anni, portando a un esponenziale aumento della potenza di calcolo.

2. **Evoluzione Accelerante:** Ray Kurzweil ha proposto l'idea che non solo la tecnologia avanza a un ritmo esponenziale, ma che il ritmo stesso dell'innovazione è in accelerazione.

3. **Superintelligenza:** Nick Bostrom ha esplorato l'idea che una volta che sia stata creata un'intelligenza artificiale a livello umano, questa

potrebbe migliorare se stessa, dando origine a una superintelligenza che potrebbe superare l'intelligenza umana.

Proponenti:

1. **Vernor Vinge:** Scrittore di fantascienza e matematico, è stato uno dei primi a parlare di singolarità tecnologica.

2. **Ray Kurzweil:** Inventore e futurologo, è uno dei più noti sostenitori della teoria della singolarità tecnologica.

3. **Nick Bostrom:** Filosofo presso l'Università di Oxford, ha scritto estesamente su temi quali la superintelligenza e i rischi esistenziali.

Transumanesimo:

Principali Teorie:

1. **Potenziamento Umano:** Questa teoria sostiene l'idea di utilizzare la tecnologia per migliorare le capacità umane, sia fisiche che cognitive.

2. **Estensione della Vita:** Sostenuta da diversi transumanisti, questa teoria esplora le possibilità di prolungare la vita umana oltre i limiti naturali.

3. **Post-Umanismo:** Questa teoria riguarda l'evoluzione dell'umanità in una nuova specie

attraverso la modifica genetica, l'integrazione tecnologica e altri mezzi.

Proponenti:

1. **Julian Huxley:** Biologo evoluzionista che ha coniato il termine "transumanesimo" e ha delineato le sue basi filosofiche.

2. **Max More:** Filosofo che ha sviluppato il concetto di transumanesimo e ha fondato l'Extropy Institute.

3. **Aubrey de Grey:** Gerontologo e biochimico, è un noto sostenitore dell'estensione della vita e ha proposto approcci per raggiungere la "senescenza negata".

Entrambe le aree, singolarità tecnologica e transumanesimo, sono dense di idee innovative e visionarie, e offrono diverse prospettive su come l'avanzamento tecnologico potrebbe plasmare il futuro dell'umanità.

Esplorando ulteriormente le teorie e i proponenti della singolarità tecnologica e del transumanesimo, è impossibile ignorare l'ampia varietà di idee e la profondità delle riflessioni che emergono da questi campi. Gli approcci e le visioni sul futuro dell'umanità variano notevolmente e spesso presentano sfaccettature complesse e interconnesse.

Nel campo della singolarità tecnologica, i dibattiti non si limitano solo all'accelerazione tecnologica e alla nascita di superintelligenze, ma si estendono anche a questioni come il controllo e l'etica della creazione di intelligenze artificiali avanzate. Alcuni teorici, come Eliezer Yudkowsky, hanno introdotto il concetto di "amichevolezza AI", sottolineando l'importanza di sviluppare intelligenze artificiali che siano sicure e che agiscano nel migliore interesse dell'umanità.

Per quanto riguarda il transumanesimo, il dibattito va ben oltre il mero potenziamento umano e l'estensione della vita. Una delle questioni centrali è quella dell'identità umana e di cosa significhi essere umano in un'era di progresso tecnologico senza precedenti. Teorici come Donna Haraway hanno proposto il concetto di "cyborg", sfidando le nozioni tradizionali di corpo, genere e identità umana, e suggerendo che l'integrazione tra uomo e macchina potrebbe portare a nuove forme di soggettività e esistenza.

Un altro aspetto fondamentale del transumanesimo è la questione dell'accessibilità e dell'equità. La possibilità di potenziare le capacità umane attraverso la tecnologia solleva preoccupazioni sulla creazione di disuguaglianze ancora maggiori tra chi può permettersi tali tecnologie e chi no. Filosofi come Martha Nussbaum e Amartya Sen hanno sviluppato il concetto di "capabilità" per esplorare quali siano le condizioni base che ogni individuo dovrebbe avere per poter vivere una vita pienamente umana, e queste riflessioni sono particolarmente rilevanti in un contesto transumanista.

L'impatto della biotecnologia è un altro tema predominante nel dialogo transumanista. La possibilità di modificare il genoma umano, di intervenire sui processi biologici e di creare forme di vita artificiali apre scenari inesplorati e solleva interrogativi etici urgenti. I lavori di bioetici come Peter Singer e Julian Savulescu hanno contribuito significativamente a questi dibattiti, esplorando i limiti etici della manipolazione genetica e proponendo criteri per l'uso responsabile delle biotecnologie.

Le riflessioni sulla coscienza e sull'esperienza soggettiva sono anch'esse centrali in questi campi. La possibilità di interfacciare direttamente il cervello con i computer, di mappare e modificare i circuiti neurali, e di creare forme di intelligenza artificiale consapevoli sfida le nostre comprensioni della mente e della coscienza. Ricercatori come Christof Koch e Giulio Tononi hanno sviluppato teorie della coscienza che cercano di comprendere la natura dell'esperienza soggettiva e che potrebbero avere implicazioni significative per il futuro dello sviluppo tecnologico e il transumanesimo.

Inoltre, il ruolo della religione e della spiritualità nel transumanesimo è un'area di riflessione e dibattito. Alcuni vedono nel transumanesimo una forma di "religione tecnologica" che promette immortalità e trascendenza attraverso la scienza piuttosto che attraverso il divino. Le tensioni tra visioni secolari e religiose del significato e del valore della vita umana sono elementi ricorrenti in questi dialoghi, e pensatori come Teilhard de Chardin hanno esplorato idee che collegano l'evoluzione tecnologica con la spiritualità e la cosmologia.

L'interazione tra singolarità tecnologica e transumanesimo e l'impatto sull'ambiente naturale è un'altra dimensione critica. L'uso intensivo delle risorse, i cambiamenti climatici e la perdita della biodiversità sono sfide urgenti, e la tecnologia può giocare un ruolo sia nella creazione che nella soluzione di questi problemi. Riflessioni sull'etica ambientale e sull'antropocentrismo, proposte da filosofi come Val Plumwood e Arne Naess, sono particolarmente pertinenti in questo contesto, poiché sollevano domande fondamentali sulla relazione tra umani, tecnologia e mondo naturale.

Infine, le implicazioni sociali e culturali di un futuro dominato dalla tecnologia avanzata e dal potenziamento umano sono vastissime. La letteratura di fantascienza, le arti visive e la filosofia della tecnologia sono terreni fertili per l'esplorazione di questi temi. Autori come Philip K. Dick, Isaac Asimov e Ursula K. Le Guin hanno immaginato mondi in cui la tecnologia trasforma la società e l'individuo in modi profondi e spesso disturbanti, offrendo visioni speculative che possono illuminare e arricchire il nostro pensiero sulla singolarità tecnologica e il transumanesimo.

Continuando l'esplorazione delle teorie e dei proponenti della singolarità tecnologica e del transumanesimo, è importante esaminare anche la relazione tra queste due correnti di pensiero e le implicazioni etiche che emergono dalla loro intersezione. Mentre la singolarità tecnologica mette in discussione i limiti dell'intelligenza e della conoscenza, il transumanesimo indaga le potenzialità dell'essere umano e la sua trasformazione attraverso la tecnologia.

Una delle questioni fondamentali che emergono in questo contesto è l'idea di autonomia e libero arbitrio. Con l'avvento di intelligenze artificiali sempre più avanzate e la possibilità di integrare la tecnologia nel corpo umano, si sollevano interrogativi cruciali sul controllo, la privacy e la libertà individuale. Filosofi come Immanuel Kant e John Stuart Mill, pur non avendo mai affrontato direttamente queste tematiche, hanno fornito importanti riflessioni sull'autonomia e sulla libertà che possono essere applicate in questo contesto.

Un altro aspetto etico rilevante è il concetto di dignità umana. In un mondo dove la tecnologia può alterare e potenziare le capacità umane, quali sono i limiti etici che dovrebbero essere rispettati per preservare la dignità dell'individuo? Pensatori come Jürgen Habermas hanno sollevato preoccupazioni riguardo alle tecnologie di miglioramento umano, sostenendo che potrebbero minare l'eguaglianza e la dignità umana.

Il tema della responsabilità è anch'esso fondamentale in questo contesto. La creazione di intelligenza artificiale avanzata e l'utilizzo di tecnologie biomediche pongono la questione della responsabilità umana nei confronti delle creazioni tecnologiche e delle loro conseguenze. Hans Jonas ha sviluppato la teoria dell'imperativo di responsabilità, sottolineando l'importanza di agire in modo etico di fronte alle incertezze e ai rischi delle innovazioni tecnologiche.

La realtà virtuale e l'aumentata sono altri elementi importanti da considerare. Queste tecnologie stanno alterando il modo in cui percepiamo e interagiamo con il mondo, sfidando le nozioni tradizionali di realtà e di esperienza. Maurice Merleau-Ponty e altri fenomenologi hanno esplorato la percezione e la corporeità in modi che possono offrire spunti preziosi per comprendere l'impatto di queste tecnologie sull'esperienza umana.

Nel dibattito sulla singolarità tecnologica e il transumanesimo, è anche cruciale considerare le implicazioni economiche e sociali. Le disuguaglianze esistenti potrebbero essere amplificate da accesso diseguale alle tecnologie di potenziamento umano. Economisti come Thomas Piketty e Amartya Sen hanno esaminato le dinamiche delle disuguaglianze e della giustizia sociale, offrendo strumenti analitici per valutare l'impatto distributivo delle innovazioni tecnologiche.

La questione dell'identità è un ulteriore tema cruciale. L'integrazione tra uomo e macchina e la possibilità di modificare geneticamente gli esseri umani sfidano le concezioni tradizionali di identità e appartenenza. Charles Taylor e Seyla Benhabib hanno esplorato le questioni di multiculturalismo e identità, fornendo un quadro concettuale per comprendere le tensioni e le trasformazioni in atto.

Anche la dimensione politica è intrinsecamente legata a questi temi. Le decisioni relative allo sviluppo e all'implementazione di tecnologie avanzate implicano valori, potere e autorità. Filosofi politici come John Rawls e Hannah Arendt possono offrire spunti importanti per riflettere sulle implicazioni politiche della singolarità tecnologica e del transumanesimo.

Infine, l'arte e la cultura giocano un ruolo significativo nel plasmare e riflettere le visioni del futuro. Artisti come Björk e filmmakers come Stanley Kubrick hanno esplorato tematiche legate all'interazione tra umano e tecnologico, contribuendo a formare l'immaginario collettivo e a stimolare la riflessione critica su questi temi.

In ultima analisi, la profondità e l'ampiezza delle questioni sollevate dalla singolarità tecnologica e dal transumanesimo richiedono un approccio interdisciplinare e un continuo dialogo tra diverse aree di conoscenza. La filosofia, la scienza, l'arte e la politica sono tutte chiamate a contribuire alla comprensione e alla navigazione di questo paesaggio in rapida evoluzione.

Nell'esplorare le principali teorie e i proponenti della singolarità tecnologica e del transumanesimo, è emerso un quadro complesso e multifacetico di idee e di interrogativi che modellano questi ambiti di riflessione e di ricerca. L'ampia gamma di tematiche sollevate tocca vari settori della conoscenza umana, dall'etica alla politica, dalla biotecnologia all'intelligenza artificiale, dalla filosofia della mente alla cultura e all'arte.

Queste teorie, pur avendo ciascuna le proprie peculiarità e sfumature, condividono una comune preoccupazione per le profonde trasformazioni che la tecnologia può apportare alla natura umana e alla società. Il concetto di singolarità tecnologica, proposto da figure come Vernor Vinge e Ray Kurzweil, ci interpella sulla possibilità di un futuro in cui le macchine supereranno le capacità umane, con conseguenze imprevedibili e potenzialmente rivoluzionarie per l'intera umanità.

Il transumanesimo, con esponenti come Nick Bostrom e Max More, amplia ulteriormente il dibattito, esplorando le potenzialità e le sfide etiche del miglioramento delle capacità umane attraverso l'integrazione con la tecnologia. Questo movimento filosofico e culturale solleva questioni fondamentali sull'identità, la dignità e il valore della vita umana in un contesto di rapida e continua evoluzione tecnologica.

L'analisi di questi temi ha portato alla luce una serie di questioni etiche di grande rilevanza. L'autonomia, la libertà, la responsabilità e la giustizia sociale sono tutte dimensioni che vengono messe in discussione dall'inarrestabile avanzata della tecnologia. Filosofi contemporanei e del passato, come Habermas, Kant, Mill e Jonas, offrono strumenti concettuali preziosi per navigare questi dilemmi morali e per formulare risposte etiche ai problemi emergenti.

La riflessione sulla realtà virtuale e sull'intelligenza artificiale consapevole apre nuovi orizzonti sulla natura della mente e dell'esperienza. La fenomenologia e le teorie della coscienza di Merleau-Ponty, Koch e Tononi forniscono spunti stimolanti per indagare le implicazioni di queste tecnologie sulla percezione della realtà e sulla costruzione dell'io.

Dal punto di vista sociale ed economico, è fondamentale considerare le disuguaglianze e le tensioni che possono emergere in un mondo segnato dalla disponibilità di tecnologie di potenziamento. L'opera di economisti e filosofi sociali come Piketty, Sen, Rawls e Arendt illumina le dinamiche di potere e le sfide della giustizia in un'era di trasformazione tecnologica.

Infine, il ruolo dell'arte e della cultura nel modellare la visione del futuro e nel riflettere le ansie e le speranze dell'umanità è stato sottolineato attraverso l'opera di artisti e creatori come Björk, Kubrick, Dick, Asimov e Le Guin. La loro creatività e intuizione arricchiscono il dialogo su cosa significhi essere umano in un mondo sempre più tecnologico.

In conclusione, l'approfondimento delle teorie e dei proponenti della singolarità tecnologica e del transumanesimo svela un panorama di straordinaria complessità e profondità. La vastità delle questioni sollevate richiede un approccio interdisciplinare e un impegno costante per la riflessione critica e il dialogo. La navigazione di questo territorio inesplorato è una sfida collettiva che interpella la responsabilità di ogni individuo verso se stesso, gli altri e il futuro del pianeta.

L'Impatto sulla Società

L'impatto della singolarità tecnologica e del transumanesimo sulla società è un tema ricco e complesso, che tocca numerosi aspetti della vita quotidiana e della coesistenza umana. Il potenziale per una trasformazione radicale è immenso, spaziando dai cambiamenti nel modo in cui lavoriamo e comunichiamo, fino alle modifiche della nostra biologia e identità.

1. **Modificazione del Lavoro:** La singolarità tecnologica porta con sé la promessa, o la minaccia, di automazione su larga scala. L'introduzione di intelligenza artificiale e robotica avanzata nel settore lavorativo potrebbe ridisegnare completamente il panorama occupazionale, creando nuove opportunità ma anche rendendo obsoleti numerosi mestieri.

2. **Educazione e Apprendimento:** Le tecnologie emergenti potrebbero rivoluzionare il sistema educativo. L'apprendimento potrebbe diventare sempre più personalizzato e accessibile, ma si potrebbero anche intensificare le disuguaglianze educative in base all'accesso alle tecnologie.

3. **Salute e Longevità:** Il transumanesimo esplora le possibilità di migliorare e prolungare la vita umana attraverso interventi biotecnologici. Questo solleva questioni etiche e sociali, tra cui la distribuzione equa di tali tecnologie e le implicazioni di una vita estesa.

4. **Identità e Autonomia Personale:** L'integrazione tra tecnologia e corpo umano potrebbe portare a nuove forme di identità. La nozione stessa di "umano" potrebbe essere messa in discussione, così come il concetto di autonomia, nel momento in cui le macchine diventano parte di noi.

5. **Etica e Norme Morali:** Sia la singolarità tecnologica che il transumanesimo sollevano interrogativi fondamentali sull'etica. Cosa è giusto o sbagliato quando si parla di modificare la natura umana o di creare intelligenze superiori a noi?

6. **Economia e Disuguaglianza:** L'accesso e il controllo delle tecnologie avanzate potrebbero intensificare le disuguaglianze economiche e sociali. L'impatto sulla distribuzione della ricchezza e sulla struttura socioeconomica potrebbe essere profondo.

7. **Politica e Potere:** Le nuove tecnologie possono ridistribuire il potere, creando nuove forme di

governo o, al contrario, intensificando il controllo autoritario. La regolamentazione delle tecnologie emergenti diventa quindi un aspetto cruciale.

8. **Ambiente e Sostenibilità:** La crescente integrazione della tecnologia nella vita umana ha implicazioni significative per l'ambiente. Le risorse necessarie allo sviluppo e all'uso delle nuove tecnologie possono influire sulla sostenibilità ecologica.

9. **Relazioni Sociali e Comunità:** Le tecnologie di comunicazione e l'interazione virtuale stanno già modificando il modo in cui le persone interagiscono tra loro, influenzando la costruzione delle comunità e il senso di appartenenza.

10. **Cultura e Valori:** L'impatto di tali cambiamenti sulla cultura è vasto. La nostra arte, letteratura, religione e i valori fondamentali possono essere modellati e trasformati dalla convergenza tra uomo e macchina.

11. **Migrazioni e Conflitti:** L'accesso diseguale alle tecnologie e le tensioni generate dai cambiamenti rapidi possono influire sui movimenti di popolazione e sulla stabilità geopolitica.

12. **Psicologia e Benessere:** La fusione uomo-macchina e le possibilità di modificazione cognitiva influenzeranno la salute mentale, la percezione di sé e il benessere psicologico delle persone.

13. **Arte e Creatività:** Le nuove tecnologie offrono nuovi modi di espressione artistica e creativa, modificando l'estetica e le modalità di produzione e fruizione dell'arte.

14. **Ricerca e Scienza:** La singolarità tecnologica accelererà la ricerca scientifica, offrendo nuovi strumenti e metodologie, ma anche nuove sfide epistemologiche e teoriche.

Queste diverse dimensioni illustrano la portata dell'impatto che la singolarità tecnologica e il transumanesimo possono avere sulla società. Esplorarle è fondamentale per comprendere e navigare il futuro che ci attende, e per costruire una società che valorizzi l'umanità in tutte le sue forme.

Nel valutare l'impatto profondo della singolarità tecnologica e del transumanesimo sulla società, è fondamentale riconoscere che ci troviamo di fronte a un crocevia di possibilità e di sfide. La continua evoluzione delle tecnologie emergenti si intreccia con le dinamiche sociali, economiche e culturali, plasmando il tessuto stesso della società in modi che erano un tempo inimmaginabili.

Un'area che merita una riflessione particolare è la tensione tra individualismo e collettivismo nell'era della tecnologia avanzata. Da un lato, l'accesso a tecnologie di potenziamento personale potrebbe amplificare il desiderio di autonomia e autorealizzazione individuale. D'altro canto, la crescente interconnessione e interdipendenza mediata dalla tecnologia richiedono una riflessione sul nostro ruolo e le nostre responsabilità all'interno della comunità globale.

Il ruolo delle istituzioni, sia a livello nazionale che internazionale, è altresì cruciale in questo contesto. La creazione di quadri normativi adeguati, che bilancino innovazione e etica, diventa un imperativo per garantire che le tecnologie emergenti siano sviluppate e implementate in modo responsabile e equo. Questo solleva questioni relative alla governance, alla trasparenza e alla partecipazione democratica nell'era digitale.

Inoltre, la riflessione sulla privacy e sulla sicurezza dei dati è sempre più urgente. La raccolta e l'analisi di enormi quantità di dati personali, unita allo sviluppo di intelligenza artificiale e neurotecnologie, sollevano interrogativi etici e giuridici sulla protezione della sfera privata e sull'autodeterminazione. La tensione tra libertà individuale e sicurezza collettiva è un dilemma che la società deve affrontare con saggezza e discernimento.

Parallelamente, l'implicazione delle neuroscienze e della genetica nell'ambito del transumanesimo offre scenari affascinanti ma anche problematici. La possibilità di modificare geneticamente gli esseri umani o di interfacciare il cervello con le macchine apre la porta a dilemmi etici senza precedenti, riguardanti l'essenza stessa dell'umanità, la diversità e l'equità.

Allo stesso tempo, l'evoluzione della realtà virtuale e aumentata, insieme alle tecnologie immersiva, modifica il nostro rapporto con la realtà e la percezione del sé. Questi cambiamenti influenzano la nostra esperienza del tempo e dello spazio, la costruzione dell'identità e le relazioni interpersonali. La dimensione virtuale diventa un terreno fertile per esplorare nuove forme di espressione, comunicazione e socialità, ma anche per interrogarsi sul confine tra reale e illusorio.

L'incremento delle capacità cognitive e fisiche attraverso l'uso di tecnologie avanzate pone anche la questione della definizione di normalità e disabilità. Ciò che una volta era considerato un limite potrebbe essere superato, modificando le aspettative sociali e i valori associati alle diverse abilità. Questo ha implicazioni significative per i diritti delle persone disabili e per la concezione di giustizia ed equità.

Le trasformazioni indotte dalla singolarità tecnologica e dal transumanesimo hanno, inoltre, un impatto significativo sulla spiritualità e sulla religione. La ricerca di trascendenza e significato, innata nell'essere umano, potrebbe trovare nuove forme e interpretazioni in un mondo in cui la natura umana è fluida e modificabile. Le tradizioni religiose e filosofiche sono chiamate a dialogare con le scoperte scientifiche e tecnologiche, per offrire risposte ai grandi interrogativi esistenziali in un contesto in rapida evoluzione.

Infine, è essenziale considerare la resilienza e l'adattabilità della società di fronte a questi cambiamenti. La capacità delle comunità di assimilare, adattarsi e rispondere alle sfide poste dalla singolarità tecnologica e dal transumanesimo è un fattore determinante per il benessere collettivo e individuale. La coesione sociale, il capitale sociale e la solidarietà sono elementi chiave che permettono di affrontare le incertezze e le ambiguità del futuro con speranza e creatività.

Nella conclusione di questo punto, è fondamentale sottolineare la complessità e la multidimensionalità dell'impatto della singolarità tecnologica e del transumanesimo sulla società. I vari aspetti che abbiamo esplorato delineano un panorama in continua evoluzione, dove le certezze del passato sono messe in discussione e nuove opportunità e sfide emergono incessantemente.

La convergenza tra uomo e macchina, la possibilità di trascendere i limiti biologici e di reinventare la natura umana sono elementi che riscrivono le regole del gioco su più livelli. Ciò comporta un ripensamento profondo dei valori, delle norme e delle istituzioni che costituiscono il fondamento della società. In questo contesto, il dialogo tra scienza, filosofia, etica e religione diventa indispensabile per costruire un futuro in cui la tecnologia è al servizio dell'umanità e non il contrario.

Una riflessione etica approfondita deve accompagnare ogni passo dell'avanzamento tecnologico. Le questioni relative ai diritti umani, alla dignità, alla giustizia ed equità sono centrali in un'epoca in cui la modificazione del genoma umano, l'intelligenza artificiale avanzata e le neurotecnologie sono realtà tangibili. La società nel suo insieme, inclusi scienziati, decisori politici, comunità religiose e cittadini, è chiamata a partecipare attivamente a questo dibattito.

Parallelamente, è necessario sviluppare strategie inclusive e sostenibili per gestire le disuguaglianze e le tensioni che potrebbero emergere. L'accesso alle tecnologie avanzate non deve diventare un nuovo motivo di divisione e conflitto, ma un'opportunità per costruire una società più giusta e solidale. La promozione dell'istruzione, della partecipazione e della consapevolezza è cruciale in questo processo.

La sfida della sostenibilità ambientale è altrettanto urgente. Le risorse del pianeta sono finite e l'adozione di tecnologie avanzate deve essere realizzata in modo responsabile e rispettoso dell'ecosistema. La ricerca di soluzioni innovative per ridurre l'impatto ambientale e promuovere la sostenibilità è un impegno ineludibile.

Sul piano individuale e collettivo, l'incursione nella dimensione virtuale e l'ampliamento delle capacità umane attraverso la tecnologia richiedono una riscrittura dei concetti di identità, realtà e appartenenza. La costruzione del sé in un mondo interconnesso e fluido è una ricerca continua, che interpella la psicologia, l'arte, la cultura e la spiritualità.

In definitiva, l'impatto della singolarità tecnologica e del transumanesimo sulla società è un territorio vasto e inesplorato, che richiede curiosità, apertura mentale, responsabilità etica e impegno comunitario. La navigazione di questo futuro incerto è una responsabilità condivisa, che richiede l'unione delle competenze, la diversità delle prospettive e la costruzione di ponti tra le diverse sfere del sapere e dell'esperienza umana. Solo attraverso un approccio olistico e inclusivo, è possibile cogliere le opportunità offerte da questo nuovo orizzonte e affrontare le sfide con saggezza e visione.

Etica e Filosofia della Singolarità

L'etica e la filosofia della singolarità tecnologica rappresentano un ambito di riflessione fondamentale e ricco di sfaccettature. La singolarità tecnologica, intesa come un punto ipotetico nel futuro in cui la tecnologia raggiungerà un livello di avanzamento tale da indurre cambiamenti radicali nell'ordine sociale, politico ed economico, solleva interrogativi profondi sulla natura umana, la moralità e il senso dell'esistenza.

1. **Natura Umana e Identità**: La possibilità di modificare o potenziare le capacità umane attraverso la tecnologia pone questioni cruciali sulla definizione stessa di ciò che significa essere umani. Qual è il confine tra uomo e macchina? In che modo la fusione con la tecnologia influisce sull'identità individuale e collettiva?

2. **Autonomia e Libera Volontà**: Con l'avvento di tecnologie sempre più avanzate, la tensione tra determinismo tecnologico e libertà umana diventa sempre più palpabile. In che misura l'uomo può mantenere il controllo delle proprie decisioni e del proprio destino in un mondo dominato dalla tecnologia?

3. **Giustizia ed Equità**: L'accesso e l'utilizzo delle tecnologie avanzate possono creare nuove forme di disuguaglianza e divisione sociale. Come garantire che i benefici della singolarità tecnologica siano distribuiti in modo equo? Come prevenire la creazione di una élite tecnologica?

4. **Responsabilità e Consequenzialismo**: Chi è responsabile delle azioni compiute da intelligenze artificiali avanzate o da esseri umani potenziati tecnologicamente? Il consequenzialismo, ovvero la valutazione etica delle azioni in base alle loro conseguenze, assume nuove dimensioni in questo contesto.

5. **Vita, Morte e Immortalità**: La prospettiva di prolungare indefinitamente la vita umana attraverso la tecnologia solleva questioni filosofiche ed etiche sulla natura della vita e della morte. Cosa significa vivere bene? L'immortalità è desiderabile?

6. **Relazione con l'Altro e Empatia**: La tecnologia modifica il modo in cui ci relazioniamo con gli altri e con noi stessi. Come coltivare l'empatia e la connessione umana in un mondo sempre più mediatizzato dalla tecnologia?

7. **Sostenibilità e Ambiente**: L'impatto ambientale delle tecnologie avanzate è una preoccupazione etica centrale. Come conciliare

progresso tecnologico e sostenibilità ambientale?
Qual è il nostro ruolo e la nostra responsabilità
verso il pianeta e le generazioni future?

8. **Religione e Spiritualità**: La singolarità
   tecnologica interroga le credenze religiose e la
   spiritualità umana. Come si riconfigurano i
   concetti di divinità, anima e trascendenza in
   un'era di potenziale immortalità tecnologica?

9. **Diritti e Dignità Umana**: La creazione di
   intelligenze artificiali senzienti e autoconsapevoli
   solleva questioni sui diritti e sulla dignità di
   entità non umane. Quali diritti dovrebbero essere
   garantiti a queste nuove forme di vita?

10. **Democrazia e Governanza**:
    L'evoluzione tecnologica influisce sulle strutture
    democratiche e sulla governanza globale. Come
    garantire la partecipazione democratica e la
    trasparenza decisionale in un mondo sempre più
    complesso e tecnologizzato?

Questi temi richiedono un approccio interdisciplinare e
un dialogo aperto tra scienziati, filosofi, teologi,
legislatori e la società nel suo insieme. L'etica e la
filosofia della singolarità tecnologica rappresentano un
campo in rapida evoluzione, che mira a fornire risposte
a queste domande fondamentali e a guidare l'umanità
verso un futuro etico e sostenibile.

Nell'esplorazione ulteriore della tematica, è imperativo osservare come la singolarità tecnologica e il transumanesimo sfidano il concetto di etica stesso, portando alla luce la necessità di riconsiderare e ridefinire principi morali fondamentali. Le questioni etiche e filosofiche che emergono in questo contesto sono innumerevoli e multiformi, e richiedono un'analisi profonda e costante.

Una delle questioni chiave riguarda l'essenza stessa della moralità in un mondo in cui la natura umana può essere manipolata e modificata. La possibilità di interventi genetici, neurotecnologici e cibernetici su individui umani pone la domanda se tali interventi possano alterare la nostra capacità di agire eticamente e di comprendere e valutare il bene e il male. Come cambierà la nostra comprensione della moralità quando la linea tra umano e post-umano sarà sempre più sfumata?

Allo stesso tempo, la crescente autonomia delle intelligenze artificiali solleva interrogativi sulla moralità delle macchine. È possibile, o addirittura auspicabile, programmare principi etici nelle macchine? E se sì, quali dovrebbero essere questi principi e chi dovrebbe deciderli? Queste domande sollevano ulteriori questioni sulla responsabilità, la creazione di leggi e normative, e l'eventuale necessità di un nuovo sistema legale ed etico per regolare il comportamento delle entità artificiali.

Le tecnologie emergenti portano con sé anche rischi senza precedenti. Il potenziale per l'abuso di tecnologie avanzate, sia da parte di individui che di entità statali o aziendali, è enorme. Questo solleva la necessità di sviluppare nuovi approcci etici e filosofici per prevenire e mitigare tali rischi, bilanciando le opportunità offerte dalla tecnologia con la protezione dei diritti e della dignità umana.

Inoltre, le tecnologie legate alla singolarità potrebbero sfidare le nostre concezioni di giustizia e uguaglianza. Ad esempio, se solo alcune persone avessero accesso a tecnologie di potenziamento umano, ciò potrebbe creare disuguaglianze profonde e persistenti, portando a nuovi tipi di divisioni sociali e tensioni. La filosofia della giustizia sarà chiamata a reinterpretare i principi di equità e uguaglianza in questo nuovo contesto.

Un altro aspetto critico riguarda la relazione tra etica, religione e spiritualità nel contesto della singolarità tecnologica. Le tradizioni religiose e spirituali offrono una cornice di senso e valori che può essere sfidata o rinnovata dalla prospettiva della trascendenza tecnologica. La reinterpretazione del significato della vita, della morte, del sacro e del trascendente in un'era di singolarità sarà un campo di indagine fecondo.

L'etica della conoscenza e dell'informazione diventa anche cruciale. L'accesso e il controllo delle informazioni, la privacy, la sicurezza dei dati e la manipolazione dell'opinione pubblica attraverso la tecnologia sono temi che richiedono una riflessione etica approfondita. In un mondo sempre più interconnesso e informatizzato, la filosofia dell'informazione e l'etica della conoscenza assumono un ruolo centrale nel plasmare un futuro equo e trasparente.

Inoltre, il concetto di coscienza, tradizionalmente legato all'essere umano, potrebbe essere rivisto alla luce delle nuove forme di intelligenza artificiale. Se una macchina dovesse dimostrare forme di autoconsapevolezza, questo solleverebbe questioni filosofiche profonde sull'esistenza, la consapevolezza e i diritti delle entità non-biologiche.

Queste sono solo alcune delle questioni etiche e filosofiche sollevate dalla prospettiva della singolarità tecnologica. Ogni nuova scoperta, ogni avanzamento tecnologico, porta con sé nuovi dilemmi e sfide, richiedendo una continua rielaborazione dei principi etici e filosofici che guidano la nostra società.

Nel concludere la riflessione sulle implicazioni etiche e filosofiche della singolarità tecnologica, è essenziale sottolineare l'importanza di un dialogo costante e interdisciplinare tra diverse aree del sapere. La collaborazione tra filosofi, scienziati, tecnologi, teologi, legislatori e altri stakeholder è fondamentale per navigare le acque inesplorate che questo fenomeno porta con sé.

La ridefinizione dei confini tra umano e non umano, naturale e artificiale, reale e virtuale, sfida le nostre concezioni tradizionali e ci costringe a riformulare i fondamenti stessi della nostra etica. In questo contesto, la filosofia ha il compito cruciale di esplorare nuove frontiere del pensiero, indagare le tensioni tra diversi valori e principi, e proporre modelli etici che possano guidare lo sviluppo e l'implementazione delle tecnologie emergenti.

Inoltre, l'attenzione alla giustizia sociale e alla distribuzione equa delle risorse tecnologiche è imperativa. La creazione di un'élite tecnologica potenziata che detiene il controllo e l'accesso alle tecnologie avanzate potrebbe intensificare le disuguaglianze esistenti e generare nuove forme di marginalizzazione e sfruttamento. L'etica della singolarità tecnologica deve quindi incorporare principi di inclusività, equità e solidarietà, assicurando che i benefici e le opportunità offerte dalle nuove tecnologie siano accessibili a tutti.

L'importanza di considerare l'impatto ambientale delle tecnologie avanzate è anche una componente essenziale dell'etica della singolarità. La sostenibilità ambientale deve essere integrata nell'innovazione tecnologica, garantendo che lo sviluppo delle nuove tecnologie non comprometta l'equilibrio ecologico del pianeta e la sopravvivenza delle generazioni future.

Un altro aspetto chiave è la responsabilità. Il potere conferito dalle tecnologie avanzate comporta una responsabilità senza precedenti. Gli sviluppatori, i produttori e gli utenti di tali tecnologie devono essere tenuti responsabili delle loro scelte e delle conseguenze che ne derivano. La creazione di un quadro normativo efficace, che bilanci libertà e responsabilità, è fondamentale per mitigare i rischi associati alla singolarità tecnologica.

Infine, la riflessione sul significato dell'esistenza, sulla trascendenza e sulla spiritualità sarà arricchita e complicata dalla possibilità di modificare, potenziare e forse superare i limiti umani. Le tradizioni religiose e le correnti filosofiche saranno chiamate a dialogare con le nuove realtà tecnologiche, offrendo interpretazioni e risposte alle domande esistenziali sollevate dalla singolarità.

In sintesi, l'etica e la filosofia della singolarità tecnologica rappresentano un campo di studio vasto e complesso, che richiede un impegno collettivo e una riflessione continua. La costruzione di un futuro in cui tecnologia e umanità coesistono in armonia è una sfida che coinvolge ogni individuo e l'intera società, e richiede uno sforzo concertato per conciliare progresso e valori umani.

5. Progresso Esponenziale della Tecnologia

Il concetto di progresso esponenziale della tecnologia è fondamentale per comprendere la natura della singolarità tecnologica e il suo impatto potenziale su vari aspetti della società. Questo fenomeno indica la tendenza delle tecnologie a svilupparsi a un ritmo sempre più accelerato, con miglioramenti significativi e innovazioni che si verificano in intervalli di tempo sempre più brevi.

Il principio alla base del progresso esponenziale è illustrato efficacemente dalla Legge di Moore, formulata nel 1965 da Gordon Moore, cofondatore di Intel. Questa legge sostiene che il numero di transistor su un microchip raddoppia approssimativamente ogni due anni, aumentando così la potenza di calcolo a un ritmo esponenziale e riducendo i costi per transistor. Sebbene la Legge di Moore sia specifica per i semiconduttori, il concetto di crescita esponenziale può essere esteso a molte altre aree della tecnologia, tra cui l'intelligenza artificiale, la genomica, la robotica, la nanotecnologia e l'energia.

Il progresso esponenziale della tecnologia è spinto da diversi fattori chiave, tra cui l'innovazione continua, gli investimenti in ricerca e sviluppo, la concorrenza nel mercato tecnologico e la digitalizzazione delle informazioni. L'interconnessione globale e la condivisione delle conoscenze attraverso internet hanno anche contribuito a catalizzare lo sviluppo tecnologico, facilitando la collaborazione e l'accesso a informazioni e risorse.

Questo tipo di crescita ha implicazioni profonde e trasformative. Da un lato, il progresso esponenziale offre possibilità senza precedenti per risolvere problemi globali, migliorare la qualità della vita, promuovere la conoscenza e esplorare nuovi orizzonti scientifici. Ad esempio, l'avanzamento della medicina personalizzata e della genomica potrebbe rivoluzionare la diagnosi, la prevenzione e il trattamento delle malattie. Allo stesso tempo, la rapida evoluzione dell'intelligenza artificiale e della robotica promette di automatizzare e ottimizzare numerose attività, dalla produzione industriale ai servizi sanitari.

Tuttavia, il progresso esponenziale della tecnologia presenta anche sfide significative e rischi potenziali. L'accelerazione del cambiamento tecnologico può portare a disuguaglianze sociali ed economiche, con un divario crescente tra chi ha accesso e chi è escluso dalle tecnologie avanzate. Inoltre, l'emergere di tecnologie potenzialmente trasformative, come l'editing genetico e la realtà aumentata, solleva questioni etiche e filosofiche riguardo al loro utilizzo, all'impatto sulla società e ai diritti umani.

Un altro aspetto critico è la sicurezza. La rapidità dello sviluppo tecnologico potrebbe superare la capacità della società di regolamentare e controllare le nuove tecnologie, aumentando il rischio di abusi, errori e incidenti. La cybersecurity è particolarmente vulnerabile in questo contesto, con la crescente sofisticazione e frequenza degli attacchi informatici che minacciano la privacy, la sicurezza economica e la stabilità nazionale.

Infine, il progresso esponenziale della tecnologia ha implicazioni per il futuro del lavoro e dell'occupazione. L'automazione e la robotizzazione potrebbero ridurre la domanda di certi tipi di lavoro, soprattutto quelli ripetitivi e manuali, mentre potrebbero emergere nuove opportunità in settori tecnologicamente avanzati. Questo richiederà una riconversione delle competenze e un adattamento del sistema educativo e formativo per preparare la forza lavoro alle esigenze del futuro.

In sintesi, il progresso esponenziale della tecnologia è un fenomeno complesso e multifacetico, con potenziali benefici e sfide che richiedono un'attenta riflessione, pianificazione e gestione. La società nel suo complesso deve impegnarsi per navigare in questo scenario in rapida evoluzione, bilanciando le aspirazioni di progresso e innovazione con i valori etici, la giustizia sociale e la sostenibilità ambientale.

Il progresso esponenziale della tecnologia è una forza che plasmerà il futuro dell'umanità in modi che stiamo solo cominciando a comprendere. Uno degli aspetti cruciali di questo fenomeno è la convergenza di diverse tecnologie. L'interazione tra intelligenza artificiale, biotecnologie, nanotecnologie e informatica sta accelerando il ritmo dell'innovazione, portando a sviluppi che una volta erano considerati fantascienza. Questa convergenza amplifica le possibilità offerte da ogni singola tecnologia, creando nuove opportunità e sfide.

Un esempio significativo di tale convergenza è l'interfaccia cervello-computer (BCI), che permette la comunicazione diretta tra il cervello umano e i dispositivi elettronici. Le BCI sfruttano i progressi nell'elettrofisiologia, nella scienza dei materiali e nell'elaborazione dei segnali per tradurre i segnali neurali in comandi digitali. Questa tecnologia potrebbe avere applicazioni rivoluzionarie in medicina, neuroscienze, realtà virtuale e aumentata, e potrebbe persino alterare il nostro modo di comunicare e di interagire con il mondo digitale.

Allo stesso tempo, il progresso esponenziale sta portando a una crescente democratizzazione dell'accesso alla tecnologia. L'abbattimento delle barriere all'entrata e la diminuzione dei costi di produzione stanno facilitando la diffusione delle tecnologie avanzate. Start-up, piccole imprese e ricercatori indipendenti possono ora contribuire allo sviluppo tecnologico in modi che erano un tempo riservati alle grandi corporation e ai laboratori governativi. Questa democratizzazione potrebbe stimolare un'ulteriore innovazione, ma solleva anche preoccupazioni riguardo alla regolamentazione, alla sicurezza e all'etica.

Inoltre, è fondamentale esplorare il ruolo delle tecnologie emergenti nella risoluzione dei grandi problemi globali. Tecnologie come l'energia solare, la desalinizzazione dell'acqua, la produzione di cibo in laboratorio e la medicina personalizzata hanno il potenziale per affrontare sfide come i cambiamenti climatici, la scarsità d'acqua, la fame nel mondo e le malattie. Tuttavia, la realizzazione di questo potenziale dipenderà dalla volontà politica, dall'investimento e dalla cooperazione internazionale.

Un altro aspetto rilevante è l'implicazione del progresso esponenziale per l'educazione e la formazione. Il sistema educativo deve evolvere per preparare gli individui a vivere e lavorare in un mondo in cui il cambiamento è l'unica costante. L'apprendimento lungo tutto l'arco della vita, l'adattabilità, la creatività e l'alfabetizzazione digitale saranno competenze chiave in un'era caratterizzata dalla rapida evoluzione tecnologica.

L'impatto del progresso esponenziale sulla psicologia umana e sul benessere è un'area di ricerca in espansione. L'aumento della realtà virtuale e aumentata, l'immortalità digitale e le tecnologie di potenziamento cognitivo potrebbero modificare la nostra percezione della realtà, dell'identità e della mortalità. La necessità di navigare in un ambiente in costante cambiamento potrebbe anche avere effetti sulla salute mentale, richiedendo nuovi approcci alla psicologia e alla psichiatria.

Infine, l'accelerazione della tecnologia sta riscrivendo le regole della geopolitica e della sicurezza internazionale. La corsa per la supremazia tecnologica tra le nazioni sta diventando un elemento centrale della strategia geopolitica. L'uso delle tecnologie emergenti in ambito militare, la cyber-guerra, e le questioni di sicurezza legate all'intelligenza artificiale e alla biotecnologia richiederanno nuove norme internazionali e accordi di non proliferazione.

Il progresso esponenziale della tecnologia è, quindi, un fenomeno multifaceted che tocca ogni aspetto dell'esperienza umana. Mentre ci avventuriamo in questo futuro incerto, è imperativo che la società, nel suo complesso, partecipi attivamente nel plasmare il percorso che prenderemo, bilanciando le aspirazioni di progresso con i principi etici fondamentali e la salvaguardia del benessere umano.

L'accelerazione tecnologica alimenta anche il dibattito su questioni fondamentali relative all'identità umana e al significato della vita. Mentre la biotecnologia e la genetica avanzano, si presentano opportunità senza precedenti per modificare e migliorare le caratteristiche umane, sollevando interrogativi sui confini tra naturale e artificiale, umano e post-umano. La possibilità di potenziare le capacità cognitive, fisiche ed emotive dell'essere umano attraverso interventi tecnologici apre scenari etici complessi e sfida i concetti tradizionali di umanità.

Un ulteriore fattore che caratterizza il progresso esponenziale della tecnologia è l'entusiasmo e allo stesso tempo la preoccupazione per l'avvento dell'Intelligenza Artificiale Superintelligente (ASI). L'ASI rappresenta un'intelligenza artificiale che supera le capacità cognitive dell'essere umano in tutti gli aspetti, dalla creatività scientifica e sociale alla comprensione delle emozioni umane. Se e quando l'ASI sarà realizzata, avrà il potenziale di generare cambiamenti rivoluzionari nella società e nella condizione umana, offrendo opportunità immense ma anche rischi significativi, come l'abuso di potere, la perdita di controllo e le sfide etiche relative ai diritti e alla dignità delle intelligenze artificiali.

Al centro del progresso esponenziale vi è anche la digitalizzazione della realtà. Con l'avvento delle tecnologie di realtà virtuale e aumentata, stiamo assistendo a una fusione tra il mondo fisico e il mondo digitale, creando nuove forme di interazione, comunicazione e percezione. Queste tecnologie stanno trasformando l'intrattenimento, l'educazione, la medicina e altri settori, rendendo possibile vivere esperienze immersivi e interattive. Tuttavia, la digitalizzazione della realtà solleva anche preoccupazioni riguardo all'autenticità delle esperienze umane, alla privacy e alla dipendenza dalla tecnologia.

Sul fronte energetico, l'avanzamento delle tecnologie verdi e rinnovabili è un elemento chiave del progresso esponenziale. Lo sviluppo di fonti energetiche più efficienti, sostenibili e pulite è fondamentale per affrontare la crisi climatica e sostenere la crescente domanda di energia a livello globale. La ricerca e l'innovazione nel campo dell'energia solare, eolica, delle batterie e della fusione nucleare hanno il potenziale di rivoluzionare il panorama energetico, riducendo la dipendenza dai combustibili fossili e mitigando le emissioni di gas serra. Tuttavia, l'adozione su larga scala delle energie rinnovabili richiede investimenti significativi, politiche di incentivo e la superazione delle resistenze dei settori tradizionali dell'energia.

Nell'ambito della società dell'informazione, l'avvento della blockchain e delle tecnologie di registro distribuito rappresenta un cambio di paradigma nella gestione e nello scambio di informazioni e valori.

Queste tecnologie offrono nuove modalità di transazione, contrattazione e registrazione, promuovendo la decentralizzazione, la trasparenza e la sicurezza. L'impiego della blockchain va ben oltre le criptovalute, trovando applicazioni in settori come la sanità, la supply chain, il voto elettronico e la proprietà intellettuale. Nonostante il potenziale disruptivo, la diffusione della blockchain è ancora ostacolata da sfide tecniche, normative e di accettazione da parte degli utenti.

Alla luce di queste dinamiche, è evidente che il progresso esponenziale della tecnologia permea ogni aspetto della vita umana e sociale. Ogni innovazione porta con sé nuove possibilità e nuovi dilemmi, richiedendo una continua riflessione su come equilibrare le potenzialità della tecnologia con i valori etici, i diritti umani e il benessere della società. La partecipazione attiva di individui, comunità, istituzioni e governi è cruciale per guidare lo sviluppo tecnologico in una direzione sostenibile e inclusiva, valorizzando la diversità e promuovendo la giustizia e la solidarietà.

In questo contesto di sviluppo tecnologico accelerato, il ruolo dell'educazione e della formazione continua a essere centrale. Emergono nuove necessità educative orientate non solo a trasmettere competenze tecniche specifiche, ma anche a sviluppare un pensiero critico e una capacità di adattamento rapido. Inoltre, la capacità di lavorare in modo collaborativo e interdisciplinare diventa sempre più importante, data la natura convergente delle nuove tecnologie. Il sistema educativo, pertanto, è chiamato a rinnovarsi e ad adottare approcci pedagogici innovativi, che preparino gli individui a navigare in un mondo caratterizzato da incertezza e cambiamento continuo.

La questione della disuguaglianza tecnologica è un altro aspetto cruciale del progresso esponenziale della tecnologia. Nonostante la crescente democratizzazione dell'accesso alla tecnologia, permangono significative disparità tra diverse regioni del mondo, tra aree urbane e rurali, e tra diversi strati sociali. L'accesso alle tecnologie avanzate e ai benefici che ne derivano è ancora un privilegio per molti, e il rischio di un divario tecnologico crescente può esacerbare le disuguaglianze esistenti e generare nuove forme di esclusione sociale. È quindi fondamentale adottare politiche inclusive e promuovere iniziative che garantiscano un accesso equo e universale alla tecnologia.

Inoltre, la crescente interconnessione digitale porta con sé sfide relative alla sicurezza dei dati e alla privacy. La raccolta e l'analisi di enormi quantità di dati personali da parte di aziende e governi sollevano preoccupazioni etiche e legali. La necessità di bilanciare i benefici derivanti dall'uso dei dati con il diritto alla privacy e alla protezione dei dati personali richiede un approccio riflessivo e l'adozione di normative adeguate. In questo ambito, il dibattito sulla governance dei dati e sull'etica dell'intelligenza artificiale è in continua evoluzione, e la società è chiamata a partecipare attivamente alla definizione di standard e principi etici.

Parallelamente, la rivoluzione tecnologica sta influenzando la natura del lavoro e le dinamiche del mercato del lavoro. L'automazione e l'intelligenza artificiale stanno trasformando le professioni, riducendo la domanda di lavoro in alcuni settori e creando nuove opportunità in altri. La transizione verso un'economia sempre più digitalizzata e automatizzata richiede strategie di adattamento, formazione e ricollocamento dei lavoratori, al fine di prevenire la disoccupazione strutturale e garantire condizioni di lavoro eque e dignitose.

D'altro canto, la tecnologia offre strumenti potenti per affrontare le sfide ambientali del nostro tempo. L'innovazione nel campo delle energie rinnovabili, dell'efficienza energetica, dell'economia circolare e della bioeconomia può contribuire significativamente a ridurre l'impatto ambientale delle attività umane e a promuovere uno sviluppo sostenibile. Tuttavia, l'adozione su larga scala di tali soluzioni richiede un impegno collettivo, investimenti a lungo termine e la volontà di superare gli interessi a breve termine.

Inoltre, la tecnologia può giocare un ruolo chiave nell'ampliare le possibilità di partecipazione civica e di espressione democratica. Piattaforme digitali, social media e applicazioni di democrazia partecipativa offrono nuovi spazi per il dialogo, la mobilitazione e la costruzione di comunità. Tuttavia, la diffusione di fake news, la polarizzazione online e la manipolazione delle informazioni rappresentano sfide significative per la qualità del dibattito pubblico e per la fiducia nelle istituzioni democratiche.

In conclusione, il progresso esponenziale della tecnologia rappresenta un fenomeno complesso e multidimensionale, che incide profondamente sulla struttura della società, sui valori etici e sulle aspirazioni umane. La capacità di gestire tale progresso, di orientarlo verso il bene comune e di affrontare le sfide che esso comporta, determinerà il futuro dell'umanità nel XXI secolo. La responsabilità di plasmare questo futuro è condivisa da tutti gli attori della società, ed è attraverso il dialogo, la riflessione critica e l'azione collettiva che si potranno realizzare le promesse della rivoluzione tecnologica, minimizzando al contempo i rischi e le disuguaglianze.

La tematica del progresso esponenziale della tecnologia solleva numerose questioni e riflessioni che permeano ogni aspetto della nostra società. Per cogliere a pieno la portata di tale progresso e comprendere i suoi molteplici impatti, è indispensabile adottare un approccio olistico e multidisciplinare che integri le diverse dimensioni del fenomeno.

In primo luogo, è essenziale riconoscere che il progresso tecnologico non è un processo lineare o predeterminato, ma è piuttosto il risultato di scelte umane, di dinamiche sociali e di contesti economici e politici. Pertanto, la direzione e la forma che tale progresso assumerà dipenderanno in larga misura dalla capacità delle società di guidare e modellare lo sviluppo tecnologico in modo che risponda alle esigenze e ai valori umani.

La convergenza tra diverse tecnologie avanzate, tra cui l'intelligenza artificiale, la biotecnologia, la nanotecnologia e le tecnologie dell'informazione e della comunicazione, sta creando scenari inediti e potenzialità inimmaginate. Questa convergenza apre la porta a innovazioni rivoluzionarie che possono trasformare non solo il modo in cui viviamo, lavoriamo e comunichiamo, ma anche la nostra stessa natura umana, sollevando questioni fondamentali sull'identità, l'autonomia e il significato dell'esistenza umana.

Allo stesso tempo, il progresso esponenziale della tecnologia pone sfide urgenti in termini di equità, giustizia sociale e sostenibilità ambientale. L'accesso diseguale alle tecnologie e ai loro benefici può acuire le disparità esistenti e generare nuove forme di divisione e marginalizzazione. Pertanto, è cruciale promuovere politiche di inclusione digitale e strategie di empowerment che permettano a tutti gli individui di partecipare attivamente alla società dell'informazione e di beneficiare delle opportunità offerte dalla tecnologia.

Inoltre, l'impatto ambientale dell'innovazione tecnologica richiede un'attenzione particolare. Mentre la tecnologia offre strumenti promettenti per affrontare la crisi climatica e promuovere la sostenibilità, è anche fonte di nuovi rischi e vulnerabilità, come l'esaurimento delle risorse, l'inquinamento e la perdita di biodiversità. La transizione verso un modello di sviluppo sostenibile richiede una riflessione etica e un impegno collettivo per conciliare progresso tecnologico, benessere umano e tutela dell'ambiente.

L'educazione e la formazione giocano un ruolo chiave nell'equipaggiare gli individui con le competenze e le conoscenze necessarie per navigare in questo paesaggio tecnologico in evoluzione. L'educazione alla tecnologia, all'etica e alla cittadinanza digitale è fondamentale per formare cittadini consapevoli, critici e responsabili, capaci di contribuire alla costruzione di una società digitale inclusiva e democratica.

Infine, il dialogo tra diverse discipline, settori e stakeholder è indispensabile per generare una visione condivisa del futuro tecnologico e per sviluppare normative, standard e prassi che garantiscano il rispetto dei diritti umani, la dignità e la libertà di tutti. La partecipazione attiva della società civile, la cooperazione internazionale e la governance multilaterale sono elementi essenziali per affrontare le sfide globali del progresso tecnologico e per costruire un futuro in cui la tecnologia sia al servizio dell'umanità e del pianeta. In conclusione, il progresso esponenziale della tecnologia rappresenta un viaggio straordinario e complesso, un viaggio che richiede saggezza, solidarietà e un profondo senso di responsabilità per guidare il cammino verso un domani più giusto, sostenibile e umano.

6. Intelligenza Artificiale e Superintelligenza

L'intelligenza artificiale (IA) è un campo della scienza informatica che mira a creare sistemi capaci di eseguire compiti che normalmente richiedono l'intelligenza umana, come l'apprendimento, il ragionamento, la percezione, il linguaggio naturale, e la risoluzione di problemi. Negli ultimi anni, grazie ai progressi nel machine learning, in particolare nel deep learning, l'IA ha ottenuto risultati significativi in una vasta gamma di applicazioni, tra cui la visione computerizzata, il riconoscimento vocale, la traduzione automatica, e i giochi di strategia.

La superintelligenza si riferisce a un'entità ipotetica che possiede capacità intellettive notevolmente superiori a quelle di qualsiasi essere umano. Una superintelligenza potrebbe essere in grado di risolvere problemi attualmente irrisolvibili, inventare tecnologie rivoluzionarie, e in generale, avere un impatto profondo e duraturo sulla società umana.

La possibilità di sviluppare una superintelligenza attraverso l'IA è oggetto di intensi dibattiti e speculazioni. Alcuni ricercatori e filosofi, come Nick Bostrom, sostengono che la creazione di una superintelligenza potrebbe rappresentare un punto di svolta per l'umanità, con potenziali benefici immensi, ma anche con rischi esistenziali significativi. Tra i rischi, vi sono la possibilità che una superintelligenza possa agire in modo contrario agli interessi umani, o che possa essere usata da alcuni gruppi per scopi malevoli.

Dall'altra parte, ci sono studiosi e tecnologi che ritengono che lo sviluppo di una superintelligenza sia estremamente difficile, se non impossibile, o che ci vorranno decenni, se non secoli, prima che si possa realizzare. Alcuni critici mettono in dubbio anche l'idea stessa di superintelligenza, sottolineando che l'intelligenza non è un'entità monolitica o unidimensionale, ma piuttosto un insieme di diverse abilità e competenze, molte delle quali sono strettamente legate all'esperienza umana e alla nostra biologia.

In ogni caso, la ricerca nell'IA sta avanzando rapidamente, e sono in corso sforzi per sviluppare sistemi sempre più intelligenti e autonomi. Gli scienziati stanno esplorando diverse vie per realizzare l'intelligenza artificiale, tra cui l'apprendimento profondo, la robotica cognitiva, l'IA simbolica, e l'IA ibrida, che combina diversi approcci. Parallelamente, si stanno sviluppando tecnologie di intelligenza aumentata, che mirano a potenziare le capacità umane attraverso l'interazione con sistemi intelligenti.

Anche se la strada verso la superintelligenza è ancora lunga e incerta, è fondamentale riflettere sin d'ora sulle implicazioni etiche, sociali, e politiche di tale sviluppo. La creazione di sistemi IA avanzati solleva questioni cruciali riguardo alla responsabilità, alla trasparenza, all'equità, e ai diritti umani. La governance dell'IA, la definizione di principi etici, e la regolamentazione delle tecnologie emergenti sono temi centrali per assicurare che l'IA sia sviluppata e utilizzata in modo sostenibile e rispettoso della dignità umana.

Nel contesto dell'intelligenza artificiale e della superintelligenza, emerge la necessità di esplorare ulteriormente i confini dell'innovazione, le sfide tecniche e le implicazioni a livello globale. Mentre l'IA continua a evolversi, si stanno aprendo nuovi orizzonti nella ricerca scientifica, nello sviluppo di tecnologie all'avanguardia e nella comprensione della coscienza e dell'intelligenza.

Una delle questioni fondamentali riguarda la natura della coscienza e la possibilità di replicarla in entità non biologiche. Alcuni teorici propongono che la coscienza possa emergere da processi computazionali avanzati, mentre altri sostengono che essa sia intrinsecamente legata alla biologia e alla fisica del cervello umano. Questo dibattito ha implicazioni profonde per la creazione di intelligenza artificiale avanzata e per la definizione di ciò che significa essere "intelligente".

Parallelamente, la ricerca nell'ambito dell'apprendimento automatico sta esplorando modelli computazionali sempre più sofisticati e potenti. L'apprendimento profondo, che si ispira alla struttura e al funzionamento del cervello umano, ha dimostrato una notevole efficacia in molteplici applicazioni, ma presenta anche limiti e sfide, come la necessità di grandi quantità di dati, la mancanza di trasparenza e la difficoltà nel modellare la conoscenza simbolica e il ragionamento.

Di fronte a queste sfide, alcuni ricercatori stanno esplorando approcci alternativi, come l'IA neuro-simbolica, che combina l'apprendimento profondo con la rappresentazione simbolica della conoscenza, e la computazione quantistica, che sfrutta le proprietà della meccanica quantistica per realizzare calcoli in modo esponenzialmente più efficiente rispetto ai computer classici.

Nel frattempo, l'emergere di tecnologie di interfaccia cervello-computer e di neurotecnologie avanzate solleva la possibilità di creare legami diretti tra il cervello umano e i sistemi di intelligenza artificiale, aprendo scenari inediti di potenziamento cognitivo, comunicazione e interazione uomo-macchina. Tuttavia, queste tecnologie pongono anche interrogativi etici e filosofici sulla privacy, sull'integrità mentale e sull'autonomia individuale.

Inoltre, la crescente integrazione dell'IA nei sistemi socio-tecnici e nelle infrastrutture critiche impone una riflessione approfondita sulle vulnerabilità, sulla sicurezza e sulla resilienza. Il rischio di attacchi informatici, di manipolazione e di abusi etici necessita di un quadro normativo robusto, di meccanismi di accountability e di standard di sicurezza elevati.

D'altro canto, l'IA ha il potenziale di rivoluzionare settori chiave come la medicina, l'educazione, l'energia e la mobilità, contribuendo alla soluzione di problemi globali quali le pandemie, i cambiamenti climatici e la povertà. L'IA può inoltre favorire la democratizzazione dell'informazione, dell'istruzione e delle risorse, ma richiede politiche inclusive e partecipative per prevenire la digital divide e le disuguaglianze.

Infine, l'interazione tra l'IA e altre tecnologie emergenti, come la biotecnologia, la nanotecnologia e la realtà virtuale, potrebbe dar luogo a sinergie e convergenze inaspettate, generando nuove possibilità di innovazione e di esplorazione dei limiti dell'intelligenza e della realtà. La riflessione sul ruolo dell'umanità in questo panorama tecnologico in continua evoluzione è essenziale per orientare gli sviluppi futuri e per costruire un futuro in cui la tecnologia sia al servizio dell'essere umano e del bene comune.

In conclusione, la sfera dell'intelligenza artificiale e della superintelligenza si sta evolvendo in modo esponenziale, proponendo sfide, opportunità e questioni etiche senza precedenti. La fusione tra progressi scientifici e tecnologici sta ridisegnando i confini del possibile, ponendo l'umanità di fronte a scelte decisive per il suo futuro.

La possibilità di raggiungere e superare le barriere della coscienza e dell'intelligenza umana attraverso sistemi artificiali è accompagnata da un intenso dibattito scientifico, filosofico ed etico. La natura della coscienza, la replicabilità dell'intelligenza e l'interazione tra biologia e tecnologia sono questioni aperte che necessitano di ulteriori ricerche, riflessioni e dialogo interdisciplinare.

Gli approcci emergenti in campo IA, come l'IA neuro-simbolica e la computazione quantistica, offrono nuove prospettive e strumenti per affrontare le limitazioni esistenti e per esplorare nuovi modelli di apprendimento, ragionamento e interazione. Tuttavia, la complessità e la multidimensionalità dell'intelligenza richiedono un'indagine approfondita e una sperimentazione rigorosa per comprendere e realizzare le potenzialità dell'IA avanzata.

Le implicazioni etiche e sociali della crescente integrazione dell'IA nelle nostre vite e nelle nostre società sono enormi. La tutela della privacy, dei diritti umani e dell'autonomia individuale, la prevenzione degli abusi e la promozione della sicurezza e della resilienza sono priorità assolute per garantire uno sviluppo sostenibile e responsabile dell'IA. L'elaborazione di normative, standard etici e meccanismi di controllo e responsabilizzazione sono essenziali per affrontare i rischi e per promuovere l'uso etico e benefico dell'IA.

Allo stesso tempo, l'IA ha il potere di trasformare e migliorare numerosi settori, contribuendo alla risoluzione di sfide globali e al progresso dell'umanità. La realizzazione di questo potenziale richiede un impegno collettivo per la ricerca, l'innovazione, l'educazione e la partecipazione, al fine di evitare disuguaglianze, di promuovere l'inclusione e di costruire una società informata, resiliente e prospera.

Infine, l'interconnessione tra IA e altre tecnologie avanzate apre scenari inesplorati e possibilità infinite. La convergenza tra intelligenza artificiale, biotecnologia, nanotecnologia e realtà virtuale può generare sinergie innovative, ampliare i nostri orizzonti e reinventare il nostro rapporto con la tecnologia e la realtà. Questa trasformazione richiede una visione olistica, un dialogo aperto e un'etica riflessiva per guidare l'umanità verso un futuro in cui la tecnologia è armoniosamente integrata nella vita umana e dedicata al benessere dell'individuo e della collettività.

7. Rischi e Sfide

L'ambito dei rischi e delle sfide della singolarità tecnologica e del transumanesimo è vasto e multiforme, toccando diversi aspetti della società, dell'etica, della tecnologia e dell'ecologia.

1. **Rischi Etici e Morali**:

   - **Identità Umana**: Il miglioramento delle capacità umane attraverso la tecnologia può portare a dubbi sull'essenza dell'umanità, sull'individualità e sulle frontiere tra umano e post-umano.

   - **Equità**: L'accesso diseguale alle tecnologie avanzate può accentuare le disuguaglianze esistenti, creando divisioni tra chi può permettersi tali tecnologie e chi no.

   - **Dignità**: La manipolazione genetica, la neuro-modificazione e altre forme di ingegneria del corpo e della mente pongono questioni sulla dignità umana e sui diritti fondamentali.

2. **Rischi Tecnologici e Scientifici**:

   - **Incontrollabilità**: La creazione di intelligenze artificiali super-umane o l'alterazione delle capacità umane può sfuggire al controllo, con possibili conseguenze imprevedibili.

- **Sicurezza**: Il progresso esponenziale delle tecnologie digitali e biologiche aumenta il rischio di uso malevolo, come la creazione di armi avanzate o attacchi informatici sofisticati.

- **Errore Umano**: La complessità delle nuove tecnologie può portare a errori umani gravi, con implicazioni potenzialmente catastrofiche.

3. **Rischi Societari**:

   - **Disoccupazione**: L'automazione avanzata e l'IA possono causare la perdita di posti di lavoro su larga scala, accentuando le disuguaglianze sociali ed economiche.

   - **Privacy**: L'onnipresenza di tecnologie di sorveglianza e tracciamento può erodere la privacy e la libertà individuale.

   - **Manipolazione**: Tecnologie avanzate di realtà virtuale e aumentata, nonché di manipolazione psicologica e genetica, possono essere utilizzate per influenzare il comportamento e le scelte delle persone.

4. **Rischi Ambientali:**

  - **Sfruttamento delle Risorse**: Il consumo elevato di risorse naturali e energia necessario per lo sviluppo e l'uso di tecnologie avanzate può aggravare i problemi ambientali esistenti.

  - **Inquinamento**: La produzione e lo smaltimento di dispositivi tecnologici avanzati possono contribuire all'inquinamento ambientale e alla degradazione del pianeta.

  - **Perdita di Biodiversità**: L'intervento umano sull'ambiente e sulle specie viventi, attraverso la biotecnologia e altre forme di manipolazione, può portare alla perdita di biodiversità e all'alterazione degli ecosistemi.

5. **Rischi Legali e Normativi:**

  - **Vacuum Normativo**: L'assenza di normative specifiche e aggiornate può permettere usi non etici e pericolosi delle tecnologie emergenti.

- **Conflitti di Interessi**: La corsa al profitto e la competizione tra entità private e Stati possono ostacolare la creazione di un quadro normativo condiviso e equo.

- **Diritti Umani**: La definizione e la tutela dei diritti umani in un'era di transumanesimo e singolarità tecnologica richiedono un'attenta riflessione e aggiornamenti normativi.

6. **Rischi Psicologici**:

- **Alienazione**: La dipendenza e l'integrazione con la tecnologia possono portare a forme di alienazione, isolamento e perdita del senso di sé.

- **Stress e Ansia**: La rapidità del cambiamento tecnologico e la pressione per adattarsi possono aumentare i livelli di stress, ansia e disagio psicologico nella popolazione.

- **Perdita di Umanità**: La questione di quanto l'uomo possa fondersi con la macchina senza perdere la propria umanità è centrale, poiché la perdita di qualità umane fondamentali può avere ripercussioni sul benessere psicologico.

Questi rischi e sfide richiedono una profonda riflessione, un dibattito pubblico inclusivo, la ricerca di soluzioni equilibrate e lo sviluppo di strategie di mitigazione per navigare in modo responsabile e sostenibile verso il futuro. La collaborazione tra diverse discipline, la partecipazione della società civile, l'elaborazione di principi etici e la creazione di normative e protocolli di sicurezza sono essenziali per affrontare le complessità e le incertezze dell'avanzare della tecnologia e per costruire un futuro in cui l'umanità e la tecnologia coesistano in armonia e reciprocità.

Analizzando ulteriormente i rischi e le sfide, è fondamentale esaminare come il contesto socio-politico influisca sulla gestione e sull'adattamento a tali rischi.

7. **Rischi Politici:**

- **Controllo Governativo**: Ci può essere il rischio che i governi usino la tecnologia avanzata per aumentare il controllo sui cittadini, limitando la libertà e la democrazia.

- **Conflitti Internazionali**: La corsa alla supremazia tecnologica può innescare tensioni e conflitti tra Stati, con potenziali implicazioni per la sicurezza globale.

- **Politiche di Immigrazione**: Il divario tecnologico tra paesi avanzati e in via di sviluppo potrebbe modificare le dinamiche di immigrazione, con conseguenze sociali, economiche e politiche.

Inoltre, la rapida evoluzione della tecnologia può anche dare luogo a nuove dinamiche economiche e mercantili, con relative sfide e opportunità.

8. **Rischi Economici**:

- **Instabilità del Mercato**: L'introduzione di tecnologie rivoluzionarie può causare turbolenze nei mercati, influenzando la stabilità economica globale.

- **Monopolizzazione**: La centralizzazione del potere e delle risorse nelle mani di poche grandi aziende tecnologiche può limitare la concorrenza e influenzare l'innovazione.

- **Implicazioni Fiscali**: Le nuove forme di lavoro e produzione derivanti dalla tecnologia avanzata richiederanno aggiustamenti nei sistemi fiscali e nelle politiche economiche.

Oltre ai rischi specifici, è essenziale considerare come la società percepisce e reagisce a queste sfide, poiché ciò influenzerà la traiettoria futura del transumanesimo e della singolarità tecnologica.

9. **Reazioni Sociali e Culturali**:

- **Paura e Resistenza**: Il timore delle nuove tecnologie può generare resistenza e ostacolare l'adozione e l'adattamento a cambiamenti benefici.

- **Dibattito Etico Religioso**: Diverse comunità religiose e filosofiche potrebbero avere opinioni contrastanti riguardo ai confini etici dell'intervento tecnologico sull'essere umano.

- **Identità Culturali**: L'influenza delle tecnologie sulla cultura e sull'identità collettiva potrebbe generare tensioni tra conservazione delle tradizioni e accettazione del nuovo.

10. **Implicazioni Educative**:

- **Formazione e Competenze**: L'avanzamento tecnologico richiede una continua evoluzione delle competenze e dell'istruzione, sfidando i sistemi educativi tradizionali.

- **Accesso all'Educazione**: La tecnologia può sia ampliare l'accesso all'istruzione che creare nuove barriere, influenzando la distribuzione delle opportunità educative.

- **Educazione Etica**: La necessità di una formazione etica nell'uso delle nuove tecnologie è essenziale per promuovere comportamenti responsabili e consapevoli.

Questi aspetti sottolineano la necessità di un approccio olistico e multidisciplinare per affrontare i rischi e le sfide della singolarità tecnologica e del transumanesimo. La riflessione continua, il dialogo aperto tra diverse parti interessate e la promozione della consapevolezza e della comprensione sono strumenti chiave per navigare in questo territorio inesplorato e per costruire un futuro equilibrato e sostenibile.

Per concludere, la tematica dei rischi e delle sfide associate alla singolarità tecnologica e al transumanesimo è estremamente complessa e sfaccettata, implicando una serie di considerazioni che vanno ben oltre l'ambito puramente tecnologico.

Collaborazione e Dialogo

È imperativo instaurare un dialogo continuo e costruttivo tra scienziati, filosofi, etici, legislatori, e la società nel suo complesso. La collaborazione tra questi diversi stakeholder è essenziale per sviluppare una comprensione olistica delle implicazioni della singolarità e per trovare soluzioni che bilancino progresso e tutela dell'umanità.

Regolamentazione e Legislazione

Una risposta efficace ai rischi delineati richiede lo sviluppo di regolamentazioni e legislazioni adeguate, capaci di evolvere al passo con le innovazioni tecnologiche. La creazione di quadri normativi internazionali può aiutare a prevenire abusi e a garantire che lo sviluppo tecnologico avvenga in modo etico e responsabile.

Educazione e Formazione

L'evoluzione delle competenze e l'adattamento dei sistemi educativi sono essenziali per preparare le persone a interagire e contribuire in un mondo sempre più tecnologizzato. L'educazione dovrebbe anche promuovere la consapevolezza etica e la riflessione critica sulle implicazioni del progresso tecnologico.

Equità e Giustizia Sociale

È fondamentale affrontare le questioni di equità e giustizia sociale relative all'accesso e all'utilizzo delle tecnologie avanzate. L'obiettivo dovrebbe essere quello di prevenire l'accentuazione delle disuguaglianze e di promuovere un progresso tecnologico che sia inclusivo e benefico per tutti.

Rispetto dell'Ambiente e della Biodiversità

La ricerca di soluzioni sostenibili e rispettose dell'ambiente è cruciale per mitigare l'impatto ecologico delle nuove tecnologie. La tutela della biodiversità e l'uso responsabile delle risorse naturali sono imperativi per la salvaguardia del pianeta.

Riflessione Filosofica e Culturale

Infine, la riflessione filosofica e culturale sul significato dell'umanità in un'era di singolarità tecnologica è indispensabile. Questo implica riconsiderare concetti come identità, coscienza, libertà e dignità alla luce delle trasformazioni indotte dalla convergenza tra uomo e macchina.

In sintesi, l'affrontare i rischi e le sfide della singolarità tecnologica e del transumanesimo richiede uno sforzo collettivo, multidisciplinare e orientato ai valori. Solo attraverso la prudenza, l'innovazione responsabile, la consapevolezza etica e la cooperazione globale, l'umanità potrà navigare con successo verso un futuro incerto, trasformando i rischi in opportunità e realizzando un equilibrio armonioso tra tecnologia e umanità.

8. Futuro del Lavoro e Economia

L'arrivo della singolarità tecnologica e l'avanzare del transumanesimo avranno un impatto profondo e multidimensionale sul futuro del lavoro e sull'economia globale. Gli effetti di queste tendenze si manifesteranno in vari modi, influenzando settori chiave, strutture di mercato, dinamiche lavorative e paradigmi economici.

1. Automazione e Occupazione

Con l'avanzamento dell'intelligenza artificiale e della robotica, l'automazione diventerà sempre più pervasiva. Molti lavori, in particolare quelli ripetitivi e manuali, saranno sostituiti da macchine, il che potrebbe portare a disoccupazione e richiedere nuove strategie di formazione e riqualificazione professionale.

2. Nuove Professioni e Competenze

D'altro canto, emergeranno nuove professioni e competenze. Il mercato del lavoro vedrà una crescente domanda di esperti in campi come l'etica dell'IA, la bioingegneria, la cybersecurity e l'analisi dei big data. L'educazione e la formazione dovranno evolvere per preparare la forza lavoro a queste nuove sfide.

3. Economia dei Servizi e Gig Economy

L'accentuazione del passaggio da un'economia industriale a un'economia dei servizi sarà accompagnata da una crescita della gig economy. La flessibilità lavorativa, il telelavoro e i lavori a progetto diventeranno sempre più la norma, con implicazioni per la sicurezza lavorativa e la protezione sociale.

4. Innovazione e Competitività

L'accelerazione del progresso tecnologico potenzierà l'innovazione e la competizione tra le aziende. Le imprese che non riescono a tenere il passo con l'innovazione rischieranno l'obsolescenza, mentre nuovi attori e startup potranno sfidare i colossi consolidati, modificando il paesaggio competitivo.

5. Disuguaglianze Economiche

Il divario tra chi ha accesso alle nuove tecnologie e chi ne è escluso potrebbe ampliarsi, accentuando le disuguaglianze economiche sia a livello nazionale che globale. Sarà essenziale attuare politiche di inclusione e redistribuzione per prevenire la creazione di una "società a due velocità".

6. Modelli di Consumo e Produzione

I modelli di consumo e produzione potrebbero subire trasformazioni radicali. L'economia circolare, la produzione su richiesta e la personalizzazione dei prodotti e servizi diventeranno sempre più centrali, influenzando le catene del valore e i modelli di business.

7. Valute Digitali e Finanza Decentralizzata

L'adozione di valute digitali e la diffusione di tecnologie blockchain potrebbero rivoluzionare il settore finanziario, dando vita a nuove forme di finanza decentralizzata, criptovalute e smart contracts, con implicazioni per la stabilità e la regolamentazione finanziaria.

8. Sviluppo Sostenibile e Economia Verde

L'urgenza di affrontare i cambiamenti climatici e la crescente consapevolezza ambientale influenzeranno l'economia, favorendo lo sviluppo di tecnologie verdi, l'investimento in energie rinnovabili e la promozione di pratiche aziendali sostenibili.

Conclusione

Il futuro del lavoro e dell'economia nell'era della singolarità tecnologica è ricco di opportunità ma anche di sfide. La velocità del cambiamento richiederà adattabilità, apprendimento continuo e un'etica della responsabilità. Le politiche pubbliche, l'innovazione sociale e l'impegno collettivo saranno essenziali per costruire un futuro lavorativo equo, inclusivo e sostenibile.

Ripercussioni Sociali dell'Automazione

La crescita esponenziale dell'automazione porta con sé delle ripercussioni sociali considerevoli. Ad esempio, il cambiamento dei rapporti sociali e lavorativi può portare a una perdita di identità professionale, con l'uomo che dovrà riflettere e reinventare il proprio ruolo in una società sempre più automatizzata.

Bioeconomia e Nuove Frontiere del Lavoro

Con l'avvento della bioeconomia e delle biotecnologie, nuove frontiere del lavoro si apriranno. La manipolazione genetica, l'ingegneria tissutale, e le neurotecnologie offriranno opportunità inedite, ma solleveranno anche questioni etiche e morali su dove si posizionano i confini dell'intervento umano sulla vita.

Impatto sulla Salute Mentale

L'aumento dell'isolamento sociale, il lavoro a distanza, e la pressione per rimanere competitivi in un mercato del lavoro in continuo cambiamento possono avere effetti significativi sulla salute mentale dei lavoratori. La necessità di supporto psicologico e di nuovi modelli di benessere lavorativo diventeranno sempre più pressanti.

Educazione Continua e Apprendimento Permanente

La natura in rapida evoluzione del lavoro renderà l'educazione continua e l'apprendimento permanente non solo desiderabili ma essenziali. Le istituzioni educative e le aziende dovranno collaborare per sviluppare programmi di formazione che rispondano alle esigenze di un mercato del lavoro in costante trasformazione.

Economia della Conoscenza e Capitalismo Cognitivo

Ci muoveremo sempre più verso un'economia della conoscenza, dove la creazione, distribuzione e utilizzo della conoscenza contribuiscono in maniera significativa alla creazione di ricchezza. Il capitalismo cognitivo metterà in primo piano il valore della conoscenza e dell'informazione, alterando i tradizionali equilibri di potere economico.

Politiche di Reddito di Base

La discussione su politiche come il reddito di base universale (UBI) acquisterà rilevanza, come possibile soluzione alla disoccupazione tecnologica e alle disuguaglianze crescenti. L'UBI potrebbe offrire una rete di sicurezza, permettendo alle persone di perseguire occupazioni più gratificanti e formazione.

Evoluzione della Proprietà Intellettuale

In un mondo dove la conoscenza e l'informazione diventano centrali, le leggi sulla proprietà intellettuale dovranno evolvere per bilanciare la protezione dei diritti e la promozione dell'innovazione. Questo implica una rinegoziazione dei diritti d'autore, dei brevetti e delle normative sulla privacy.

Il Ruolo delle Smart City

Le smart city, con la loro integrazione di tecnologia e infrastruttura, diventeranno degli hub centrali per l'innovazione economica e lavorativa. L'interconnessione, l'intelligenza artificiale e l'Internet delle Cose (IoT) trasformeranno il modo in cui viviamo, lavoriamo e interagiamo nei contesti urbani.

Economia Spaziale e Colonizzazione Extraterrestre

La corsa verso lo spazio aprirà nuovi orizzonti economici, con l'estrazione di risorse minerarie da asteroidi e la possibilità di colonizzazione di altri pianeti. Questo porterà a nuove sfide lavorative, etiche e filosofiche riguardo al nostro ruolo nell'universo.

L'Intreccio tra Umano e Digitale

L'ibridazione tra umano e digitale sarà una caratteristica distintiva del futuro del lavoro. Le interfacce cerebrali dirette, gli impianti cybernetici e la realtà aumentata e virtuale offriranno nuove modalità di interazione e produzione, ma solleveranno anche domande sulla natura dell'identità umana e sulla realtà.

Questi elementi delineano un quadro complesso e sfaccettato del futuro del lavoro e dell'economia nell'era della singolarità tecnologica. La sfida sarà quella di navigare tra le opportunità e i rischi, garantendo equità, dignità e benessere in un mondo in rapida trasformazione.

Economia della Longevità

Man mano che le tecnologie avanzate contribuiscono a prolungare la vita umana, assistiamo alla nascita di un'economia della longevità. Questo fenomeno avrà implicazioni significative sui sistemi pensionistici, sul mercato del lavoro e sui servizi sanitari, richiedendo adeguamenti strutturali e nuovi modelli di assistenza e lavoro per gli anziani.

Società Multigenerazionale

La società multigenerazionale diventerà una caratteristica predominante, con diverse generazioni che lavorano fianco a fianco. Questo richiederà un nuovo approccio alla gestione delle risorse umane, alla formazione e alla creazione di ambienti di lavoro inclusivi e adattabili a diverse esigenze e competenze.

Decentralizzazione Produttiva

Le tecnologie di produzione avanzate, come la stampa 3D, consentiranno una maggiore decentralizzazione produttiva. Ciò potrebbe portare a un rinnovato interesse per l'artigianato digitale e la produzione locale, influenzando i modelli di distribuzione e creando nuove opportunità imprenditoriali.

Sviluppo di Tecnologie di Interfaccia

Le tecnologie di interfaccia uomo-macchina, come gli exoscheletri e gli impianti neurali, potrebbero alterare la natura del lavoro manuale e intellettuale. Tali tecnologie apriranno nuove possibilità in termini di capacità umane, ma solleveranno anche questioni etiche e di sicurezza.

Diritto del Lavoro e Normative

La continua evoluzione del lavoro e delle relazioni lavorative richiederà aggiornamenti e revisioni delle leggi sul lavoro. Le normative dovranno essere adattate per riflettere le nuove dinamiche del lavoro, proteggere i diritti dei lavoratori e garantire condizioni eque in un mercato del lavoro in evoluzione.

Economia dei Dati

L'era digitale ha dato vita a un'economia basata sui dati, dove l'informazione è una valuta. La gestione, l'analisi e la sicurezza dei dati diventeranno competenze sempre più preziose, e il loro commercio e utilizzo solleveranno interrogativi su privacy, etica e governance.

Trasformazione dei Sistemi Educativi

La trasformazione del lavoro richiederà un rinnovamento dei sistemi educativi, con un'enfasi su competenze trasversali, apprendimento basato su progetti, e alfabetizzazione digitale e tecnologica. L'educazione dovrà preparare gli individui a un apprendimento continuo e allo sviluppo di competenze adattabili.

Rinnovamento delle Politiche Fiscali

Le dinamiche di un'economia digitalizzata e globalizzata richiederanno un ripensamento delle politiche fiscali. La tassazione delle aziende digitali, la lotta all'evasione fiscale e lo sviluppo di nuove forme di tassazione saranno temi centrali per garantire la sostenibilità dei servizi pubblici.

Cooperazione Internazionale e Globalizzazione

La natura interconnessa dell'economia globale richiederà una maggiore cooperazione tra i paesi. La regolamentazione delle tecnologie emergenti, la gestione dei flussi di lavoro transfrontalieri e la risoluzione delle disuguaglianze globali saranno temi cruciali nell'agenda internazionale.

Consapevolezza Ecologica e Sviluppo Sostenibile

La crescente consapevolezza ecologica e la necessità di uno sviluppo sostenibile influenzeranno il modo in cui le aziende operano. Le tecnologie verdi e le pratiche sostenibili saranno al centro dell'innovazione, e le imprese dovranno bilanciare crescita economica e responsabilità ambientale.

In sintesi, il panorama del futuro del lavoro e dell'economia è in continua evoluzione, con nuove opportunità e sfide che emergono costantemente. La capacità di adattarsi e di progettare soluzioni innovative sarà fondamentale per navigare in questo ambiente in trasformazione.

La visione del futuro del lavoro e dell'economia, in un'era caratterizzata dalla singolarità tecnologica e dal transumanesimo, impone una profonda riflessione sulla struttura dei sistemi che sostengono la società. Il modo in cui le persone lavorano, producono, consumano e vivono sta subendo trasformazioni radicali a causa dell'evoluzione esponenziale delle tecnologie e delle conseguenti implicazioni etiche, sociali e economiche.

La nascita di un'economia della longevità sfida i modelli tradizionali di pensionamento e assistenza, proponendo nuovi paradigmi per la gestione della vita lavorativa prolungata e dei servizi sanitari. La coesistenza di diverse generazioni nel mercato del lavoro richiede strategie innovative per la gestione delle risorse umane, l'inclusività e la formazione continua, promuovendo un ambiente di lavoro adattabile e accogliente.

Parallelamente, assistiamo a un processo di decentralizzazione produttiva, alimentato da tecnologie avanzate come la stampa 3D. Questa transizione rivitalizza l'artigianato digitale e stimola la produzione locale, ridefinendo i modelli di distribuzione e offrendo nuove opportunità imprenditoriali.

Le tecnologie di interfaccia uomo-macchina, che abbracciano sviluppi come gli exoscheletri e gli impianti neurali, stanno riscrivendo le regole del lavoro manuale e intellettuale. Questi avanzamenti offrono possibilità senza precedenti per l'espansione delle capacità umane, ma portano con sé importanti questioni etiche e di sicurezza, che devono essere attentamente valutate e gestite.

In questo scenario in rapida evoluzione, il diritto del lavoro e le normative devono essere continuamente aggiornati per rispecchiare le nuove dinamiche del lavoro e per proteggere i diritti dei lavoratori in un ambiente lavorativo sempre più fluido e digitalizzato.

Nell'era dell'informazione, l'economia dei dati emerge come elemento centrale, con la gestione, l'analisi e la sicurezza dei dati che diventano competenze fondamentali. Le sfide etiche, legali e di governance legate all'uso dei dati richiedono soluzioni ponderate e la definizione di standard globali.

L'educazione, a sua volta, si trova al centro di una profonda trasformazione, con l'obiettivo di preparare gli individui ad un mondo in continua evoluzione e di promuovere l'apprendimento continuo e lo sviluppo di competenze trasversali e adattabili.

La riflessione sulla fiscalità e sulla sostenibilità dei servizi pubblici diventa cruciale, con la necessità di ripensare le politiche fiscali in risposta alle nuove dinamiche di un'economia globalizzata e digitalizzata. La cooperazione internazionale e la gestione delle disuguaglianze globali si impongono come temi prioritari nell'agenda politica mondiale.

Infine, la crescente consapevolezza ecologica e l'urgenza di uno sviluppo sostenibile influenzano l'innovazione e le pratiche aziendali, sottolineando l'importanza di bilanciare la crescita economica con la responsabilità ambientale.

Questo quadro complesso e multifaccettato del futuro del lavoro e dell'economia richiede un approccio olistico e multidisciplinare, con il coinvolgimento di vari stakeholder, dalla comunità scientifica ai decisori politici, dalle imprese ai cittadini. La progettazione di soluzioni innovative e l'adattabilità saranno essenziali per navigare con successo in questo paesaggio in continuo cambiamento e per costruire un futuro sostenibile e inclusivo.

9. Scenari Post-Singolarità

Scenari Post-Singolarità

Gli scenari post-singolarità sono concezioni speculative che esplorano come potrebbe evolversi il mondo dopo che la singolarità tecnologica è stata raggiunta. Variano enormemente a seconda delle visioni, delle aspettative e delle paure dell'umanità riguardo al futuro della tecnologia e della società. Di seguito vengono esplorati alcuni degli scenari post-singolarità più discussi.

1. Utopia Tecnologica

In questo scenario, la singolarità porta a un'era di abbondanza e prosperità, dove la tecnologia risolve i principali problemi dell'umanità, come la povertà, la malattia e la scarsità di risorse. L'intelligenza artificiale collabora con gli esseri umani, potenziando le loro capacità e migliorando la qualità della vita.

2. Transumanesimo

Il transumanesimo postula che gli esseri umani si fonderanno con la tecnologia, superando le limitazioni biologiche e raggiungendo nuovi livelli di intelligenza, longevità e benessere. La società potrebbe diventare una simbiosi di intelligenza biologica e artificiale, con la possibilità di esplorare l'universo e creare nuove forme di esistenza.

3. Distopia Tecnologica

Al contrario, alcuni immaginano un futuro in cui la singolarità porta a una distopia, con la tecnologia che domina e sottomette l'umanità. Potrebbero emergere problemi legati alla perdita di controllo, alla disuguaglianza, alla dipendenza tecnologica e alla deumanizzazione.

4. Realtà Virtuali e Multiversi

La capacità di creare realtà virtuali indistinguibili dalla realtà fisica potrebbe portare a una società in cui le persone vivono in mondi virtuali personalizzati, esplorano multiversi e interagiscono in modi prima impensabili. Questo scenario solleva domande sulla natura della realtà e dell'esistenza.

5. Etica e Valori

In un mondo post-singolarità, l'umanità potrebbe dover rinegoziare il proprio sistema di valori ed etica. Le questioni di diritti, responsabilità e moralità diventeranno centrali, soprattutto in relazione alle entità superintelligenti e alla convivenza con forme di vita artificiali.

6. Evoluzione e Diversificazione della Vita

L'emergere di intelligenze artificiali avanzate e la fusione con la biologia potrebbero portare a nuove forme di vita e a un'evoluzione accelerata. La diversità delle forme di vita, sia naturali che artificiali, potrebbe arricchire l'ecosistema terrestre e, eventualmente, espandersi nello spazio.

7. Governance e Società

La governance delle società post-singolarità rappresenterà una sfida cruciale. La coesistenza tra esseri umani, intelligenze artificiali e transumani richiederà nuovi modelli di governo, leggi e normative. La democrazia, la giustizia e la partecipazione saranno rinegoziate in questo contesto inedito.

8. Esplorazione Spaziale e Colonizzazione

Con l'avvento della singolarità, la capacità di esplorare e colonizzare lo spazio potrebbe diventare una realtà. L'umanità e le sue estensioni tecnologiche potrebbero cercare nuovi mondi, risorse e conoscenze, portando la vita terrestre oltre i confini del nostro pianeta.

9. Relazioni Interpersonali e Società

Le relazioni umane e la struttura della società potrebbero subire trasformazioni profonde. La comunicazione, l'empatia e la connessione potrebbero essere riplasmate dalla tecnologia, portando a nuove dinamiche sociali e a una reinterpretazione dell'identità e dell'appartenenza.

10. **Ricerca di Significato e Spiritualità**

In un'era post-singolarità, la ricerca di significato e il senso della vita potrebbero diventare questioni centrali. La spiritualità, la religione e la filosofia potrebbero assumere nuove forme e interpretazioni, influenzate dall'esistenza di intelligenza superiore e dalla comprensione ampliata dell'universo.

In sintesi, gli scenari post-singolarità offrono una panoramica delle molteplici possibilità e sfide che potrebbero emergere dopo il raggiungimento della singolarità tecnologica. Essi invitano a riflettere sulle implicazioni profonde e a immaginare come l'umanità potrebbe plasmare e essere plasmata da un futuro in cui la tecnologia e l'intelligenza raggiungono livelli senza precedenti.

La portata delle possibili trasformazioni nei diversi scenari post-singolarità è vasta e multiforme. Ogni scenario presenta aspetti distinti che meritano un ulteriore approfondimento e una riflessione critica.

Rivoluzione Nella Scienza e Nella Conoscenza

Il raggiungimento della singolarità tecnologica potrebbe portare a una rivoluzione nel modo in cui la scienza e la conoscenza sono percepite e acquisite. La superintelligenza artificiale potrebbe essere in grado di risolvere enigmi scientifici che sono rimasti irrisolti per secoli e generare nuove teorie e modelli che possono far progredire la comprensione umana dell'universo a livelli inimmaginabili. Questo potrebbe, a sua volta, portare a nuove scoperte tecnologiche e a ulteriori avanzamenti, in un ciclo di progresso apparentemente infinito.

Nuove Forme di Arte e Creatività

La singolarità tecnologica potrebbe anche dare origine a nuove forme di arte e creatività. Gli artisti potrebbero utilizzare tecnologie avanzate per esprimere se stessi in modi inediti e rivoluzionari, creando opere d'arte che sfidano la percezione e l'esperienza umana. L'intelligenza artificiale potrebbe diventare non solo uno strumento, ma anche un partner creativo, offrendo nuove prospettive e possibilità artistiche.

Modifica del Concetto di Tempo

Il concetto di tempo potrebbe essere ridefinito dalla capacità di vivere in realtà virtuali, sperimentare la vita attraverso diverse identità e persino modificare la biologia umana per prolungare la vita. Questi cambiamenti potrebbero portare a nuovi modi di percepire e vivere il tempo, influenzando le relazioni umane, la cultura e la società in generale.

Ecologia e Ambiente

La relazione tra tecnologia e ambiente sarà un altro aspetto fondamentale dei possibili scenari post-singolarità. Le tecnologie avanzate potrebbero fornire soluzioni innovative per affrontare i cambiamenti climatici, la perdita di biodiversità e altre sfide ambientali. Tuttavia, l'uso intensivo di risorse e energia potrebbe anche exacerbare alcuni di questi problemi, richiedendo un bilanciamento attento tra progresso tecnologico e sostenibilità ecologica.

Educazione e Apprendimento

L'educazione e l'apprendimento potrebbero subire trasformazioni radicali in un mondo post-singolarità. L'accesso a intelligenze artificiali avanzate e realtà virtuali immersive potrebbe rendere l'apprendimento più personalizzato, esperienziale e efficace. Tuttavia, l'abbondanza di informazioni e la velocità del cambiamento potrebbero anche portare a sfide nella formazione di individui critici, riflessivi e adattabili.

Questioni di Genere e Identità

La tecnologia potrebbe permettere una maggiore fluidità e personalizzazione dell'identità di genere, dell'orientamento sessuale e dell'espressione di sé. Le persone potrebbero essere in grado di modificare i loro corpi e identità in modi che sfidano le norme sociali e biologiche, portando a nuove discussioni e riconfigurazioni delle norme di genere e identità.

Ricerca di Equità e Giustizia

La distribuzione dei benefici e dei rischi della singolarità tecnologica sarà un campo di tensione. La ricerca di equità, inclusione e giustizia sarà fondamentale per garantire che le tecnologie avanzate non esacerbino le disuguaglianze esistenti, ma contribuiscano invece a costruire una società più giusta e solidale.

Salute e Longevità

Le innovazioni in biotecnologia, nanotecnologia e medicina potrebbero portare a miglioramenti significativi nella salute umana e alla possibilità di prolungare la vita. Questo potrebbe portare a nuove dinamiche sociali, economiche e etiche, incluse questioni relative all'accesso alle cure, alla qualità della vita e al significato della mortalità.

Relazioni Uomo-Macchina

La convivenza e l'interazione tra esseri umani e intelligenze artificiali avanzate definiranno le dinamiche sociali post-singolarità. Le relazioni uomo-macchina potrebbero svilupparsi in modi che sfidano le attuali comprensioni di autonomia, consapevolezza e agenzia, portando a nuovi modelli di collaborazione, convivenza e conflitto.

Questi sono solo alcuni degli aspetti che potrebbero emergere nei diversi scenari post-singolarità. La singolarità tecnologica rappresenta un orizzonte di possibilità e incertezza che stimola l'immaginazione umana a riflettere sul futuro della vita, della società e dell'universo. Ogni scenario post-singolarità presenta sfide uniche e opportunità senza precedenti, invitando l'umanità a navigare con saggezza, responsabilità e visione nel vasto mare del futuro.

Relazioni Interumane e Comunità

In uno scenario post-singolarità, le relazioni interumane e la struttura delle comunità potrebbero subire trasformazioni significative. L'aumento della realtà virtuale e della connettività potrebbe cambiare il modo in cui le persone interagiscono e costruiscono legami, potenzialmente sfumando i confini tra il reale e il virtuale. L'emergere di comunità virtuali potrebbe ridisegnare il concetto di appartenenza e solidarietà, con implicazioni sul benessere psicologico e sociale degli individui.

Dinamiche Politiche e Geopolitiche

L'avvento della singolarità tecnologica influenzerà inevitabilmente le dinamiche politiche e geopolitiche. La competizione per il controllo delle tecnologie avanzate potrebbe intensificare le tensioni tra Stati e creare nuove sfide per la sicurezza internazionale. La governance delle intelligenze artificiali e delle tecnologie emergenti diventerà una questione chiave, richiedendo cooperazione e dialogo tra diversi attori globali per evitare conflitti e promuovere uno sviluppo sostenibile e pacifico.

Diritti Umani e Dignità

Il dibattito sui diritti umani e sulla dignità acquisirà nuove sfumature nel contesto della singolarità tecnologica. Le questioni relative alla privacy, all'autonomia e al consenso diventeranno ancora più cruciali, poiché le tecnologie avanzate avranno la capacità di monitorare, influenzare e manipolare i comportamenti umani. La definizione di cosa significa essere umano e quali diritti sono inalienabili sarà al centro di discussioni etiche e filosofiche.

Evoluzione dell'Etica e della Morale

L'interazione tra esseri umani e intelligenze artificiali superintelligenti influenzerà l'evoluzione dell'etica e della morale. La convivenza con entità non-umane capaci di apprendimento e decisione autonoma solleverà interrogativi sulla responsabilità, sulla moralità delle macchine e sull'etica dell'interazione uomo-macchina. Questi dibattiti potrebbero portare alla formazione di nuovi principi etici e alla riconsiderazione di valori e norme esistenti.

Spiritualità e Religione

La singolarità tecnologica potrebbe anche toccare aspetti della spiritualità e della religione. L'esistenza di intelligenze artificiali avanzate e la possibilità di estendere la vita umana potrebbero influenzare le credenze religiose e le riflessioni spirituali sull'immortalità, sulla coscienza e sul significato della vita. Nuove forme di spiritualità potrebbero emergere, integrando elementi tecnologici e riflessioni filosofiche.

Esplorazione Spaziale

Infine, la singolarità tecnologica potrebbe accelerare l'esplorazione spaziale e la ricerca di vita extraterrestre. Le tecnologie avanzate potrebbero permettere viaggi interstellari e l'abitabilità di altri pianeti, espandendo l'orizzonte umano oltre la Terra. Questo avrà implicazioni profonde sulla percezione dell'umanità di se stessa e sul suo posto nell'universo.

Queste riflessioni illustrano la complessità e la profondità delle implicazioni dei vari scenari post-singolarità. La continua evoluzione della tecnologia e dell'intelligenza artificiale richiede una costante riflessione umana sulle possibilità, i rischi e le opportunità che si presentano, sottolineando l'importanza della saggezza, dell'etica e della responsabilità nel plasmare il futuro dell'umanità.

In conclusione, gli scenari post-singolarità aprono un vasto panorama di possibilità e sfide che l'umanità dovrà affrontare e gestire con saggezza. La profonda trasformazione delle relazioni interumane e delle comunità, dovuta all'ibridazione tra reale e virtuale, costringerà la società a ridefinire concetti fondamentali come appartenenza, solidarietà e benessere psicologico.

Dal punto di vista geopolitico e politico, la corsa al controllo delle tecnologie avanzate intensificherà le tensioni tra le nazioni, portando alla ribalta la necessità di una governance globale delle intelligenze artificiali e delle tecnologie emergenti. Sarà cruciale stabilire dialoghi e cooperazioni tra gli attori globali per garantire uno sviluppo pacifico e sostenibile, evitando la degenerazione in conflitti distruttivi.

La questione dei diritti umani e della dignità umana sarà al centro del dibattito etico e filosofico. Il continuo avanzamento tecnologico solleverà nuovi problemi relativi alla privacy, all'autonomia e al consenso, richiedendo una riconsiderazione dei diritti inalienabili e della definizione stessa di essere umano. Il rispetto e la tutela di tali diritti saranno fondamentali per preservare la dignità umana in un'era dominata dalla tecnologia.

Inoltre, l'evoluzione dell'etica e della morale sarà influenzata dalla convivenza con intelligenze artificiali avanzate. L'emergere di nuovi principi etici e la riformulazione di valori e norme esistenti saranno inevitabili per gestire le sfide della responsabilità e della moralità in un mondo sempre più dominato dalle macchine. La riflessione su tali temi sarà essenziale per guidare lo sviluppo tecnologico in modo etico e responsabile.

La spiritualità e la religione subiranno anche trasformazioni significative. L'esplorazione di nuove forme di spiritualità, che integrano elementi tecnologici e riflessioni filosofiche, potrebbe modificare le credenze religiose e influenzare il modo in cui l'umanità percepisce concetti come immortalità, coscienza e significato della vita.

Infine, l'accelerazione dell'esplorazione spaziale, resa possibile dalla singolarità tecnologica, espanderà gli orizzonti dell'umanità, provocando una profonda riflessione sul nostro posto nell'universo. La scoperta di nuovi mondi abitabili e la ricerca di vita extraterrestre potrebbero portare a nuove comprensioni dell'esistenza umana e della nostra posizione nel cosmo.

In sintesi, i vari scenari post-singolarità delineano un futuro incerto e sfidante, ricco di opportunità ma anche di rischi. L'umanità si troverà di fronte a dilemmi etici, sociali, politici e spirituali senza precedenti, che richiederanno saggezza, riflessione e responsabilità per essere affrontati e superati. L'elaborazione di strategie inclusive, etiche e sostenibili sarà cruciale per navigare in questo nuovo mondo e assicurare un futuro prospero e armonioso per tutti.

10. Case Study: Esempi di Avanzamenti Tecnologici

Gli esempi di avanzamenti tecnologici che potrebbero essere analizzati come case study nella singolarità tecnologica includono:

1. Computazione Quantistica

La computazione quantistica ha il potenziale per rivoluzionare diversi campi, tra cui la crittografia, la simulazione molecolare e l'ottimizzazione. Questa tecnologia può risolvere problemi che sarebbero impossibili o richiederebbero tempi impraticabili per i computer classici.

2. CRISPR e Ingegneria Genetica

La tecnologia CRISPR ha reso la modifica genetica più precisa, efficiente e accessibile. Questo strumento potrebbe essere utilizzato per curare malattie genetiche, migliorare le colture agricole o, teoricamente, creare organismi geneticamente modificati.

3. Intelligenza Artificiale Avanzata

Gli sviluppi nell'IA, come le reti neurali profonde e l'apprendimento rinforzato, hanno portato a progressi significativi nel riconoscimento vocale e visivo, nella traduzione automatica, e nelle auto a guida autonoma.

4. Energia Nucleare di Fusione

La ricerca sulla fusione nucleare ha l'obiettivo di produrre energia sicura, pulita e praticamente illimitata replicando i processi che avvengono nel sole. Se realizzata, questa tecnologia potrebbe contribuire significativamente alla transizione energetica globale.

5. Brain-Computer Interface (BCI)

Le interfacce cervello-computer possono permettere la comunicazione diretta tra il cervello e i dispositivi elettronici. Questa tecnologia potrebbe avere applicazioni rivoluzionarie nella medicina, nella realtà virtuale e aumentata, e nella potenziamento delle capacità umane.

6. Materiali Avanzati

Lo sviluppo di materiali avanzati, come i grafeni e i metamateriali, può avere un impatto significativo su vari settori, tra cui l'energia, l'elettronica e la medicina, offrendo proprietà uniche come la superconduttività a temperatura ambiente o la manipolazione delle onde elettromagnetiche.

7. Biologia Sintetica

La biologia sintetica, che combina biologia e ingegneria, mira a progettare e costruire nuovi organismi viventi o riprogrammare organismi esistenti.

Questo campo ha il potenziale per produrre nuovi farmaci, biocombustibili e materiali biodegradabili.

8. Nanotecnologia

La nanotecnologia, operando a livelli molecolari e atomici, può creare materiali e dispositivi con applicazioni in medicina, elettronica, produzione di energia e protezione ambientale.

9. Robotica e Automazione

L'innovazione nella robotica e nell'automazione sta portando alla creazione di robot più intelligenti, adattabili e in grado di interagire in modo più naturale con gli esseri umani, con applicazioni nell'industria, nella sanità e nell'assistenza domiciliare.

10. Rete 5G e Oltre

Le nuove generazioni di reti cellulari, come il 5G e le future 6G, offrono velocità di connessione e latenza sempre più ridotte, rendendo possibile l'Internet delle Cose (IoT) e favorendo lo sviluppo di città intelligenti e sistemi di trasporto connessi.

Ciascuno di questi case study può illustrare come la tecnologia sta progredendo a un ritmo esponenziale, portando a innovazioni che possono avere un impatto profondo e trasformativo sulla società, sull'economia e sulla vita quotidiana degli individui, e avvicinandoci sempre di più al concetto di singolarità tecnologica.

Esaminare questi case study in dettaglio offre ulteriori spunti sulla natura profondamente trasformativa della singolarità tecnologica. Prendiamo, per esempio, la computazione quantistica. Questa tecnologia, ancora ai suoi stadi iniziali, promette di risolvere problemi che i computer classici considerano intrattabili. Una volta raggiunta la maturità, potrebbe accelerare scoperte in campo farmaceutico, ottimizzare modelli climatici complessi e rivoluzionare la crittografia, introducendo al contempo nuove sfide in materia di sicurezza informatica.

Nel campo della biologia sintetica e dell'ingegneria genetica, le possibilità sono altrettanto straordinarie. La capacità di manipolare il DNA ha aperto la porta a terapie innovative per malattie genetiche e a nuove forme di vita progettate. Tuttavia, solleva anche interrogativi etici sull'ingegneria genetica umana e sulla creazione di organismi sintetici, con implicazioni per la biodiversità e l'equilibrio ecologico.

Le interfacce cervello-computer (BCI) stanno esplorando nuovi orizzonti nel campo della neuroscienza e della tecnologia. Questi dispositivi potrebbero un giorno permettere alle persone con disabilità di controllare protesi avanzate, interagire con il mondo digitale usando il pensiero o, addirittura, comunicare tra loro attraverso una forma di telepatia tecnologica. Il potenziale delle BCI spinge anche la riflessione sull'identità umana e sulla coscienza, sperimentando le frontiere tra mente e macchina.

Nel settore dell'intelligenza artificiale, l'avvento di sistemi sempre più avanzati e autonomi ha conseguenze pervasivi. Da un lato, possono migliorare l'efficienza, risolvere problemi complessi e creare nuove opportunità economiche. D'altro canto, sollevano questioni relative all'autonomia, ai diritti e alla sicurezza, poiché l'umanità deve confrontarsi con la prospettiva di intelligenze non umane.

La nanotecnologia e i materiali avanzati stanno modificando le regole del gioco in vari settori, permettendo lo sviluppo di dispositivi sempre più piccoli, efficienti e funzionali. L'applicazione di queste tecnologie in medicina offre possibilità rivoluzionarie, come la consegna mirata di farmaci o la riparazione di tessuti a livello molecolare, ma anche dilemmi etici e rischi per la salute e l'ambiente.

La robotica e l'automazione continuano a evolversi, creando macchine sempre più abili nell'interagire con l'ambiente e con gli esseri umani. La crescente presenza di robot nella società genera dibattiti sull'etica della robotica, sulla disoccupazione tecnologica e sul diritto del lavoro, oltre che sulla convivenza tra umani e macchine.

Infine, l'evoluzione delle reti di comunicazione, con l'implementazione del 5G e lo sviluppo futuro del 6G, sta trasformando la connettività globale. Ciò rende possibile un Internet delle Cose sempre più integrato, con città intelligenti e sistemi di trasporto connessi, ma introduce anche sfide relative alla privacy, alla sicurezza e alla sovranità digitale.

Queste tecnologie, pur essendo diverse tra loro, sono accomunate dall'essere all'avanguardia dell'innovazione e dal presentare sfide e opportunità che richiedono un'attenta riflessione e regolamentazione. La loro rapida evoluzione è un chiaro indicatore della progressione verso la singolarità tecnologica, evidenziando come l'umanità stia avanzando verso un futuro in cui la tecnologia potrebbe superare le capacità umane e modificare in modo significativo la nostra esistenza.

Oltre ai progressi già menzionati, vi sono altri campi di ricerca e sviluppo tecnologico che meritano attenzione nel contesto della singolarità tecnologica. Uno di questi è l'energia sostenibile e le tecnologie di immagazzinamento dell'energia. L'avanzamento in questi settori potrebbe non solo modificare il nostro approccio all'utilizzo dell'energia, ma anche ridurre la dipendenza dai combustibili fossili e mitigare l'impatto dei cambiamenti climatici. Si tratta di un settore chiave per il futuro della tecnologia e dell'umanità, con il potenziale di rivoluzionare la nostra società a livello globale.

Un altro ambito fondamentale è l'esplorazione spaziale e le tecnologie connesse. La crescente capacità di raggiungere e colonizzare altri pianeti può estendere la presenza umana oltre la Terra. Questo sviluppo presenta opportunità uniche, come l'accesso a nuove risorse e la possibilità di stabilire colonie extraterrestri, ma solleva anche questioni etiche e logistiche, come il diritto internazionale spaziale e le implicazioni della vita in ambienti alieni.

La realtà virtuale e aumentata (VR e AR) stanno anche guadagnando terreno come tecnologie emergenti. Offrono nuovi modi di interagire con informazioni e ambienti digitali, con applicazioni che vanno dall'intrattenimento all'istruzione, dalla medicina al design. L'immersione in mondi virtuali apre nuove prospettive per l'apprendimento e la comunicazione, ma pone anche sfide in termini di privacy, sicurezza e impatto psicologico.

Inoltre, la medicina personalizzata e la genomica stanno rivoluzionando la sanità. La possibilità di analizzare il genoma umano e di sviluppare terapie su misura per ogni individuo offre enormi potenzialità per la prevenzione e la cura delle malattie. Allo stesso tempo, l'accesso e l'utilizzo delle informazioni genetiche sollevano preoccupazioni riguardo la privacy, la discriminazione basata sul patrimonio genetico e le implicazioni etiche della manipolazione genetica.

La blockchain e le tecnologie di registro distribuito rappresentano un altro settore in rapida crescita. Forniscono nuovi modi di gestire e verificare le transazioni digitali, con potenziali applicazioni in ambito finanziario, sanitario, legale e oltre. La decentralizzazione e la sicurezza offerte dalla blockchain possono trasformare i sistemi di pagamento e i contratti, ma richiedono anche nuove regolamentazioni e soluzioni ai problemi di scalabilità e interoperabilità.

Infine, l'evoluzione della cybersecurity è fondamentale in un'era in cui la digitalizzazione è onnipresente. La crescente sofisticazione delle minacce informatiche richiede sviluppi tecnologici costanti per proteggere dati e infrastrutture. Questo campo è in continua evoluzione, con nuovi approcci e strumenti che emergono per contrastare le vulnerabilità e garantire la sicurezza del cyberspazio.

Ogni uno di questi settori presenta non solo progressi tecnologici notevoli, ma anche sfide e questioni etiche e filosofiche che la società deve affrontare. La comprensione e l'indagine di questi avanzamenti e delle loro implicazioni sono fondamentali nel dibattito sulla singolarità tecnologica e sul futuro del transumanesimo.

Concludendo, il punto sui "Case Study: Esempi di Avanzamenti Tecnologici" offre uno sguardo profondo su come vari settori della tecnologia stiano progredendo a ritmi esponenziali, illustrando il panorama in continua evoluzione del nostro mondo digitale e fisico. La convergenza tra diverse aree tecnologiche sta creando opportunità senza precedenti per lo sviluppo umano, ma porta con sé sfide significative e questioni irrisolte che richiedono attenzione e riflessione.

I settori dell'energia sostenibile e delle tecnologie di immagazzinamento dell'energia sono alla base di un cambiamento radicale nella nostra gestione delle risorse energetiche, che potrebbe mitigare i cambiamenti climatici e ridurre la nostra dipendenza dai combustibili fossili. Tuttavia, la realizzazione di tali tecnologie richiede investimenti significativi, ricerca e sviluppo, e la volontà politica per superare gli ostacoli esistenti e implementare soluzioni sostenibili su larga scala.

L'esplorazione spaziale, con la prospettiva di colonizzare altri pianeti, espande i confini dell'esperienza umana e apre nuovi orizzonti per la scoperta e l'utilizzo delle risorse. Le implicazioni sono immense, ma sollevano anche dilemmi etici e questioni pratiche legate alla sopravvivenza in ambienti extraterrestri e all'interazione con eventuali forme di vita aliena.

Le tecnologie di realtà virtuale e aumentata stanno ridefinendo il modo in cui percepiamo e interagiamo con il mondo digitale, offrendo possibilità innovative in numerosi campi, dalla medicina all'istruzione. Tuttavia, la loro diffusione solleva problemi di privacy, sicurezza e benessere psicologico, che necessitano di soluzioni equilibrate e sostenibili.

La medicina personalizzata e la genomica offrono speranze per terapie più efficaci e su misura, basate sulla comprensione del patrimonio genetico individuale. Ma l'accesso e l'uso delle informazioni genetiche richiedono regole chiare per prevenire abusi e discriminazioni, e per gestire le implicazioni della manipolazione genetica.

La blockchain e altre tecnologie di registro distribuito rappresentano un cambiamento di paradigma nella gestione delle transazioni digitali, offrendo potenziali applicazioni in diversi settori. Le loro caratteristiche di decentralizzazione e sicurezza possono rivoluzionare i mercati e i servizi, ma devono essere affrontate le sfide legate alla scalabilità, interoperabilità e regolamentazione.

Infine, la cybersecurity è un pilastro fondamentale della società digitale, che richiede costanti aggiornamenti e innovazioni per proteggere contro le minacce sempre più sofisticate. Lo sviluppo di nuovi strumenti e approcci è cruciale per garantire la sicurezza dei dati e delle infrastrutture in un mondo sempre più connesso.

Ciascuno di questi avanzamenti tecnologici non è solo un esempio di progresso, ma anche un monito delle sfide che l'umanità deve affrontare nell'era della singolarità tecnologica. La comprensione profonda di questi sviluppi e delle loro implicazioni etiche, sociali e pratiche è essenziale per navigare con saggezza nel futuro incerto e affascinante che ci attende.

11. Definizione e Origini del Transumanesimo

Definizione: Il transumanesimo è un movimento culturale, filosofico e scientifico che sostiene l'uso della scienza e della tecnologia per migliorare la condizione umana, eliminando le malattie, superando le limitazioni fisiche e mentali e potenzialmente prolungando la vita umana indefinitamente. L'obiettivo è l'ampliamento delle capacità umane, non solo a livello fisico, ma anche intellettivo ed emotivo, spingendo i confini di ciò che significa essere umano.

Origini: Le radici del transumanesimo possono essere fatte risalire a diverse tradizioni filosofiche, scientifiche e culturali. Tuttavia, il termine "transumanesimo" è stato coniato nel 1957 dal biologo Julian Huxley, fratello di Aldous Huxley, autore del romanzo distopico "Brave New World". Julian Huxley sottolineava la necessità di superare le limitazioni umane e realizzare il "pieno sviluppo dell'uomo".

Le idee transumaniste hanno guadagnato popolarità e forma negli anni '60 e '70 grazie a pensatori come FM-2030 (precedentemente Fereidoun M. Esfandiary), un professore alla New School di New York, che immaginava un futuro in cui l'umanità avrebbe superato l'invecchiamento, la morte e la malattia grazie alla tecnologia. Nel 1998, venne fondata la World Transhumanist Association (ora Humanity+), un'organizzazione che mira a dare forma al discorso sul transumanesimo e a promuovere la ricerca e lo sviluppo di tecnologie avanzate per il miglioramento dell'essere umano.

Dalle sue origini, il transumanesimo ha attirato sostenitori e critici, diventando un campo di discussione ampio e multidisciplinare, che interroga i limiti della condizione umana e esplora le possibilità offerte dalla scienza e dalla tecnologia per superarli. La riflessione sul transumanesimo coinvolge non solo scienziati e filosofi, ma anche artisti, scrittori e altri intellettuali, dando vita a un dibattito ricco e complesso sulla natura dell'umanità e sul suo futuro nell'era tecnologica.

Il transumanesimo è un movimento che affonda le sue radici in vari pensieri e filosofie dell'umanesimo e della scienza. Oltre a Julian Huxley, molti altri pensatori, scienziati e filosofi hanno contribuito all'evoluzione di questa corrente di pensiero, esplorando l'intersezione tra umano e tecnologia e indagando sulle potenzialità e sui rischi di un tale connubio.

Pensatori e Correnti di Pensiero: Diversi filosofi e scienziati, come Ray Kurzweil e Nick Bostrom, hanno apportato significativi contributi al transumanesimo.

Kurzweil è noto per le sue teorie sulle singolarità tecnologiche e l'intelligenza artificiale, mentre Bostrom ha focalizzato la sua ricerca sui rischi esistenziali e l'etica delle tecnologie emergenti. Entrambi hanno influenzato il discorso transumanista, promuovendo l'idea che l'umanità è all'alba di una nuova era in cui le limitazioni biologiche possono essere superate attraverso la tecnologia.

Il transumanesimo, inoltre, non è un movimento monolitico, ma piuttosto un insieme di correnti di pensiero diverse che condividono l'obiettivo di migliorare la condizione umana. Tra queste, il postumanesimo, che va oltre l'idea di miglioramento umano per esplorare nuove forme di esistenza e identità, e l'extropianesimo, che si focalizza sull'ottimizzazione della vita umana e sulla conquista dell'immortalità.

Tecnologie e Ricerca: La ricerca nel campo del transumanesimo è estremamente variegata e include l'ingegneria genetica, la neurotecnologia, la nanotecnologia e l'ingegneria delle interfacce uomo-macchina. Queste tecnologie hanno il potenziale di rivoluzionare non solo la medicina, ma anche il modo in cui viviamo, lavoriamo e interagiamo con il mondo che ci circonda.

Ad esempio, gli sviluppi nella terapia genica e nella CRISPR-Cas9 stanno aprendo nuove possibilità per la cura delle malattie genetiche e l'ottimizzazione delle caratteristiche umane. Allo stesso modo, le neuroprotesi e le interfacce cervello-computer stanno rendendo possibile il controllo delle macchine con il pensiero, offrendo nuove opportunità di interazione e comunicazione.

Implicazioni Societali e Etiche: Le implicazioni del transumanesimo sono profonde e complesse. Da un lato, la possibilità di eliminare malattie, migliorare le capacità cognitive e fisiche e prolungare la vita è entusiasmante e potrebbe portare a un miglioramento significativo della qualità della vita umana. D'altro canto, queste tecnologie sollevano questioni etiche difficili e sfide societali.

Ad esempio, l'accesso alle tecnologie transumaniste potrebbe accentuare le disuguaglianze esistenti, creando un divario tra chi può permettersi di migliorarsi e chi no. Inoltre, l'intervento sulla genetica umana solleva interrogativi sulla natura dell'identità, della diversità e dei diritti umani, richiedendo un attento esame etico e una riflessione sulle implicazioni a lungo termine.

Cultura Popolare e Arte: Il transumanesimo ha anche influenzato la cultura popolare e l'arte, con numerosi romanzi, film e opere d'arte che esplorano le possibilità e i dilemmi del miglioramento umano. Opere come "Ghost in the Shell", "Transcendence" e "Altered Carbon" indagano temi come l'immortalità, la coscienza artificiale e l'identità in un mondo in cui la tecnologia può manipolare e trasformare l'essere umano.

In conclusione, il transumanesimo è un campo vasto e multidisciplinare che continua a evolversi e ad adattarsi ai rapidi progressi della scienza e della tecnologia. Esso interroga i fondamenti stessi della condizione umana, proponendo visioni audaci del futuro, ma richiedendo anche cautela, riflessione e un approccio etico alle innovazioni che stanno emergendo.

Il transumanesimo non è solo un movimento che cerca di esplorare il futuro dell'umanità attraverso la tecnologia, ma è anche un campo di studi che abbraccia varie discipline, tra cui la filosofia, la biologia, la cibernetica e l'informatica. La sua complessità risiede nelle infinite possibilità che si aprono attraverso l'avanzamento tecnologico e nella continua ricerca di un equilibrio tra progresso e etica.

Comunità e Organizzazioni: A livello globale, diverse organizzazioni e comunità sono dedicate al transumanesimo, come la Humanity+ e la

Transhumanist Party. Queste organizzazioni lavorano per promuovere la ricerca, lo sviluppo e l'adozione responsabile delle tecnologie avanzate, per esplorare le implicazioni etiche e per influenzare le politiche pubbliche. Conferenze, seminari e pubblicazioni sono spesso organizzati per diffondere la conoscenza e stimolare il dibattito su temi transumanisti.

Innovazioni Biomediche: Le innovazioni nel campo biomedico rappresentano un pilastro del transumanesimo. La creazione di organi artificiali, la crescita di tessuti in laboratorio e lo sviluppo di nuovi farmaci e trattamenti mirati sono esempi di come la medicina stia evolvendo. Questi progressi possono portare alla creazione di "superumani" con capacità potenziate e una vita significativamente prolungata, sfidando la nostra concezione della mortalità e dell'invecchiamento.

Realità Virtuale e Aumentata: La realtà virtuale e aumentata stanno giocando un ruolo cruciale nella visione transumanista. Queste tecnologie possono non solo cambiare il modo in cui interagiamo con il mondo, ma anche il modo in cui percepiamo noi stessi. L'immersione in mondi virtuali potrebbe divenire un'esperienza quotidiana, alterando il nostro rapporto con la realtà fisica e spingendoci a riflettere su cosa significhi essere umani in un mondo digitalmente costruito.

Legge e Diritti: Il transumanesimo solleva anche questioni legali e riguardanti i diritti umani. Le modifiche genetiche, il potenziamento cognitivo e fisico, e l'estensione della vita sollevano interrogativi sul diritto all'accesso, sulla privacy e sulla dignità umana. Man mano che le tecnologie avanzano, le società dovranno confrontarsi con la necessità di creare nuove leggi e normative per garantire un progresso equo e etico.

Questioni Filosofiche: Il transumanesimo si interroga inoltre sul significato dell'esistenza umana e sulla natura della realtà. Se l'umanità è in grado di superare i propri limiti biologici, cosa significa essere umano? La filosofia del transumanesimo esplora queste domande, indagando sul potenziale dell'umanità di raggiungere uno stato "post-umano" e sulle implicazioni di una tale trasformazione.

Dialogo Interdisciplinare: Infine, il transumanesimo incoraggia un dialogo interdisciplinare tra scienziati, filosofi, artisti e legislatori. L'obiettivo è quello di creare un approccio olistico all'avanzamento tecnologico, considerando non solo i benefici, ma anche i rischi e le sfide etiche. Il dibattito aperto e il confronto tra diverse discipline sono fondamentali per navigare in un territorio così inesplorato e complesso, guidando l'umanità verso un futuro in cui la tecnologia può essere utilizzata per il bene comune.

Concludendo, il transumanesimo rappresenta una complessa e sfaccettata esplorazione delle possibilità future dell'umanità, al crocevia tra tecnologia, etica, filosofia e diritti umani. Nato come movimento e filosofia, il transumanesimo sonda i confini di ciò che l'umanità può raggiungere attraverso l'innovazione scientifica e tecnologica, spingendoci a riflettere profondamente sul nostro posto nell'universo e sulle implicazioni di un futuro in cui i confini tra umano e macchina diventano sempre più sfumati.

L'evoluzione delle tecnologie biomediche, insieme allo sviluppo di realtà virtuali e aumentate, sta trasformando il nostro modo di vivere, di percepire noi stessi e il mondo intorno a noi. Questi avanzamenti non sono senza sfide, sollevando domande cruciali riguardo l'accesso, la privacy, la dignità umana e la definizione stessa di ciò che significa essere umano.

L'aspetto legale e normativo riveste una importanza critica in questo contesto, con la necessità di sviluppare nuove leggi e normative che possano bilanciare i benefici derivanti dalle innovazioni tecnologiche con la tutela dei diritti umani fondamentali. Questo dialogo non è confinato solo agli ambiti accademici o scientifici, ma coinvolge la società nel suo complesso, poiché le decisioni prese avranno un impatto diretto sul tessuto sociale e sull'esperienza umana.

Inoltre, il transumanesimo alimenta un dibattito filosofico intenso. Le questioni sull'essenza dell'esistenza umana e la natura della realtà assumono una nuova dimensione in un'era in cui la modifica genetica e l'estensione della vita sono tecnologicamente possibili. La riflessione filosofica diventa pertanto indispensabile per navigare attraverso le acque inesplorate di un futuro post-umano e per comprendere le profonde implicazioni etiche e morali delle nostre azioni.

Infine, il transumanesimo incoraggia una collaborazione interdisciplinare e un dialogo aperto. Scienziati, filosofi, artisti, legislatori e cittadini comuni sono chiamati a partecipare a questo dibattito, contribuendo con le loro prospettive uniche e competenze variegate. Solo attraverso un approccio olistico e inclusivo è possibile tracciare una rotta chiara verso un futuro in cui la tecnologia e l'umanità coesistono in armonia, con l'obiettivo ultimo di migliorare la condizione umana e di realizzare un progresso sostenibile ed equo per tutti.

Il transumanesimo, pur essendo un movimento variegato con molte correnti di pensiero, condivide un insieme di obiettivi e principi fondamentali che orientano le sue riflessioni e le sue azioni. Ecco alcuni di questi principi chiave:

1. Miglioramento Umano: Il transumanesimo punta a migliorare le condizioni umane attraverso la tecnologia, affrontando limitazioni come l'invecchiamento, le malattie, le disabilità e la carenza di risorse. L'obiettivo è ampliare le potenzialità umane, sia mentali che fisiche, per migliorare la qualità della vita e l'esperienza umana.

2. Autodeterminazione Tecnologica: I transumanisti sostengono il diritto degli individui di utilizzare la tecnologia per esplorare e modificare il proprio corpo e la propria mente, rispettando al contempo i diritti degli altri. La libertà di scelta e l'autonomia personale sono considerate essenziali per realizzare il pieno potenziale umano.

3. Etica e Responsabilità: Il movimento transumanista enfatizza la responsabilità etica nella creazione e nell'uso delle nuove tecnologie. Vi è una consapevolezza delle possibili implicazioni negative e dei rischi associati alle innovazioni tecnologiche, e una volontà di minimizzarli e gestirli in modo proattivo.

4. Uguaglianza di Accesso: Il transumanesimo promuove l'uguaglianza di accesso alle tecnologie avanzate, sottolineando la necessità di prevenire la creazione di nuove forme di disuguaglianza e divisione. L'idea è che i benefici del progresso tecnologico debbano essere condivisi equamente tra tutti gli individui e le comunità.

5. Sostenibilità Ecologica: La sostenibilità è un principio fondamentale del transumanesimo, con un forte impegno verso la tutela dell'ambiente e lo sviluppo di tecnologie eco-compatibili. La visione è quella di un futuro in cui l'umanità vive in armonia con la natura, utilizzando risorse rinnovabili e minimizzando l'impatto ecologico.

6. Ricerca e Innovazione: I transumanisti valorizzano la ricerca scientifica e l'innovazione come motori del progresso. C'è un interesse particolare per le scienze emergenti come la genetica, la nanotecnologia, la robotica e l'intelligenza artificiale, e per il loro potenziale nel trasformare l'esperienza umana.

7. Visione a Lungo Termine: Il transumanesimo cerca di anticipare e preparare il futuro, considerando le conseguenze a lungo termine delle azioni presenti. C'è una consapevolezza della rapidità del cambiamento tecnologico e della necessità di sviluppare strategie sostenibili per affrontare le sfide future.

8. Dialogo Interdisciplinare: Il movimento promuove il dialogo e la collaborazione tra diverse discipline, comprese scienze, umanità, arti e diritto. L'interdisciplinarità è vista come essenziale per affrontare le complesse questioni etiche, sociali e tecniche sollevate dal progresso tecnologico.

In conclusione, gli obiettivi e i principi del transumanesimo delineano una visione del futuro in cui la tecnologia è utilizzata in modo etico e responsabile per migliorare la condizione umana, promuovere l'uguaglianza, assicurare la sostenibilità ecologica e affrontare le sfide future con una prospettiva a lungo termine e un approccio olistico.

I principi e gli obiettivi del transumanesimo non si limitano a considerazioni astratte, ma si intrecciano con questioni concrete e immediate che riguardano il nostro presente e il nostro futuro. A seguito, vengono esplorate ulteriori dimensioni e sfaccettature di questi principi:

9. Immortalità Biologica: Uno degli obiettivi più ambiziosi del transumanesimo è superare i limiti biologici dell'invecchiamento e della morte. Questo implica la ricerca su terapie antietà, manipolazione genetica, rigenerazione dei tessuti e, potenzialmente, la digitalizzazione della coscienza.

10. Espansione delle Capacità Cognitive: Il transumanesimo aspira a espandere le capacità cognitive umane, inclusa la memoria, l'intelligenza e la creatività, attraverso interventi biologici, farmacologici e tecnologici, come l'interfacciamento cervello-macchina.

11. Miglioramento Emotivo: La regolazione e il miglioramento delle emozioni e del benessere psicologico sono aree d'interesse, con l'obiettivo di aumentare la felicità, ridurre il dolore psicologico e migliorare le relazioni interpersonali.

12. Identità e Diversità: Il transumanesimo riflette sulla natura dell'identità umana e promuove la diversità di genere, sessualità, espressione culturale e biologica, sottolineando il diritto di ogni individuo a definire e modificare la propria identità.

13. Integrazione con la Tecnologia: L'armoniosa integrazione tra umano e tecnologia è centrale, esplorando modi in cui la tecnologia può diventare un'estensione naturale dell'individuo e promuovere l'autorealizzazione.

14. Diritti dei Futuri Esseri Senzienti: Il transumanesimo considera i diritti e il benessere non solo degli esseri umani, ma anche degli animali, delle intelligenze artificiali e di eventuali futuri esseri senzienti, sollevando questioni etiche su consapevolezza e sofferenza.

15. Cooperazione Globale: In un mondo sempre più interconnesso, il transumanesimo sottolinea l'importanza della cooperazione globale per affrontare sfide come la povertà, le malattie, i conflitti e i cambiamenti climatici.

16. Educazione e Apprendimento: Il transumanesimo si impegna per lo sviluppo di metodi educativi innovativi e per l'apprendimento continuo, al fine di preparare gli individui ad affrontare un mondo in rapida evoluzione e a partecipare attivamente alla costruzione del futuro.

17. Arte e Cultura: Il ruolo dell'arte e della cultura è riconosciuto come essenziale per esplorare nuove possibilità umane, esprimere la diversità delle esperienze umane e stimolare il dialogo su temi etici e sociali.

18. Spiritualità e Senso della Vita: Il transumanesimo non esclude la ricerca di significato e spiritualità, esplorando come la tecnologia possa influenzare la percezione dell'esistenza, della coscienza e dell'universo.

Queste considerazioni illustrano come il transumanesimo sia un movimento ricco e multidimensionale, che cerca di affrontare e integrare diversi aspetti dell'esistenza umana, ponendo domande fondamentali sulla natura dell'uomo e del suo posto nell'universo. Attraverso il dialogo continuo e la riflessione, il transumanesimo aspira a costruire un futuro in cui la tecnologia sia al servizio dell'umanità, e non il contrario.

Nella conclusione di questo punto sui principi e gli obiettivi del transumanesimo, è fondamentale riflettere sulle implicazioni di queste ambizioni e sul modo in cui possono plasmare la società futura. Il transumanesimo non è semplicemente un campo di ricerca scientifica e tecnologica; è anche un movimento filosofico ed etico che pone domande profonde sulla natura umana, sulla moralità e sul significato dell'esistenza.

Visione Olistica: Il transumanesimo promuove una visione olistica dell'essere umano, cercando di migliorare non solo le capacità fisiche e cognitive, ma anche il benessere emotivo e spirituale. Questo approccio integrato mira a realizzare un equilibrio tra i diversi aspetti dell'esperienza umana, considerando l'individuo in relazione a se stesso, agli altri e all'ambiente circostante.

Rispetto della Diversità: La diversità è un valore fondamentale del transumanesimo. La celebrazione delle differenze, sia biologiche che culturali, è vista come una ricchezza da preservare e promuovere. L'accettazione e l'inclusione di varie forme di identità e espressione sono essenziali per costruire una società armoniosa e progressista.

Responsabilità Etica: Con i grandi poteri offerti dalla scienza e dalla tecnologia, vengono grandi responsabilità. Il transumanesimo sottolinea l'importanza dell'etica nella guida dello sviluppo e dell'applicazione delle nuove tecnologie. È cruciale valutare attentamente le possibili conseguenze delle innovazioni, ponderare i benefici e i rischi, e agire in modo da promuovere il benessere di tutti gli esseri senzienti.

Dialogo Interdisciplinare: Il transumanesimo incoraggia il dialogo tra diverse discipline, dalla biologia alla filosofia, dalla psicologia all'ingegneria. Questa interazione è fondamentale per una comprensione approfondita delle questioni complesse che il movimento affronta e per lo sviluppo di soluzioni innovative e sostenibili.

Futuro Sostenibile: La visione del transumanesimo non è focalizzata esclusivamente sul presente, ma si estende verso un futuro sostenibile. L'aspirazione è quella di creare una società in cui il progresso tecnologico sia armonizzato con il rispetto dell'ambiente, la giustizia sociale e l'equità, assicurando un mondo migliore per le generazioni future.

Educazione e Crescita Personale: L'educazione è vista come uno strumento fondamentale per l'empowerment individuale e collettivo. Il transumanesimo promuove l'apprendimento continuo, l'auto-esplorazione e lo sviluppo delle potenzialità umane, favorendo la crescita personale e la realizzazione di sé.

In conclusione, i principi e gli obiettivi del transumanesimo delineano un percorso ambizioso e multidimensionale verso un'umanità avanzata e armoniosa. La realizzazione di tali aspirazioni richiede uno sforzo collettivo, una riflessione etica approfondita e un impegno costante per l'innovazione responsabile e il benessere universale. La sfida è grande, ma il transumanesimo offre una visione ispiratrice e un quadro di riferimento per esplorare le frontiere del possibile e costruire un futuro luminoso per l'umanità.

13. Tecnologie Chiave: Nanotecnologia, Biotecnologia, ecc.

L'area del transumanesimo è caratterizzata dall'impiego di diverse tecnologie chiave, che hanno il potenziale di alterare significativamente la condizione umana. Ecco alcuni dettagli su alcune di queste tecnologie:

1. **Nanotecnologia:**

   - *Descrizione:* La nanotecnologia riguarda la manipolazione della materia a livello atomico e molecolare, permettendo lo sviluppo di nuovi materiali e dispositivi a scala nanometrica.

   - *Applicazioni:* Questa tecnologia può avere applicazioni in medicina (nanomedicina) per la somministrazione mirata di farmaci e terapie contro il cancro, nella produzione di materiali avanzati e nel campo dell'energia.

   - *Sfide e Rischi:* Le sfide includono la tossicità potenziale dei nanomateriali, l'implicazione etica della manipolazione a livello molecolare e il rischio di abuso.

2. Biotecnologia:

- *Descrizione:* La biotecnologia si basa sull'utilizzo di organismi viventi, o derivati da essi, per sviluppare o creare prodotti nuovi o migliorare quelli esistenti.

- *Applicazioni:* Ha vasto impiego in medicina per la creazione di terapie geniche e farmaci, nell'agricoltura per lo sviluppo di piante geneticamente modificate e nella produzione di biocarburanti.

- *Sfide e Rischi:* Le preoccupazioni etiche sulla manipolazione genetica, i rischi per la biodiversità e le questioni sulla proprietà intellettuale sono alcune delle sfide del settore.

3. Intelligenza Artificiale (IA):

- *Descrizione:* L'IA si riferisce allo sviluppo di sistemi capaci di eseguire compiti che normalmente richiedono intelligenza umana, come l'apprendimento, il riconoscimento del linguaggio naturale e la risoluzione di problemi.

- *Applicazioni:* È impiegata in una varietà di settori, inclusa la medicina per la diagnosi precoce e la personalizzazione delle terapie, nell'industria per l'automazione e nei servizi finanziari.

- *Sfide e Rischi:* L'etica nell'IA, l'impatto sull'occupazione, la privacy e la sicurezza dei dati sono problemi rilevanti.

4. **Ingegneria Genetica e CRISPR:**

- *Descrizione:* L'ingegneria genetica permette la manipolazione diretta del DNA per alterare le caratteristiche ereditarie di un organismo. CRISPR è una tecnica rivoluzionaria che permette modifiche genetiche precise ed efficienti.

- *Applicazioni:* Può essere usata per curare malattie genetiche, migliorare i raccolti agricoli e potenzialmente modificare le caratteristiche umane.

- *Sfide e Rischi:* I dilemmi etici riguardano la creazione di "bambini su misura", le implicazioni sulla biodiversità e i rischi per la salute.

5. **Interfaccia Cervello-Computer (BCI):**

- *Descrizione:* Le BCI permettono una connessione diretta tra il cervello e i dispositivi elettronici, potenzialmente permettendo il controllo di dispositivi esterni con il pensiero.

- *Applicazioni:* Può essere impiegata per aiutare persone con disabilità motorie, per migliorare le capacità cognitive e per sviluppare nuove forme di comunicazione.

- *Sfide e Rischi:* Le questioni includono la privacy del pensiero, l'integrità del sistema nervoso e la dipendenza tecnologica.

Queste tecnologie offrono immense opportunità ma portano anche con sé sfide significative e dilemmi etici. La loro integrazione e sviluppo richiedono una considerazione attenta delle implicazioni sociali, etiche e ambientali, e un dialogo aperto tra scienza, società e politica.

Nel contesto del transumanesimo, l'importanza delle tecnologie chiave come nanotecnologia, biotecnologia, intelligenza artificiale, ingegneria genetica e interfaccia cervello-computer non può essere sottovalutata. Ciascuna di queste tecnologie porta con sé la promessa di rivoluzionare aspetti diversi della nostra esistenza, ma anche numerosi rischi e sfide etiche.

Robotica e Automazione:

- *Descrizione:* La robotica e l'automazione comprendono la creazione e l'utilizzo di robot e sistemi automatizzati per svolgere compiti. Questi possono variare da semplici attività ripetitive a compiti complessi e decisionali.

- *Applicazioni:* Utilizzate in chirurgia per interventi di precisione, nella logistica per l'ottimizzazione dei processi di consegna, e nelle fabbriche per l'assemblaggio di prodotti.

- *Sfide e Rischi:* La disoccupazione tecnologica, la responsabilità etica e le preoccupazioni sulla sicurezza sono alcuni dei principali problemi.

Realta Virtuale e Aumentata:

- *Descrizione:* Queste tecnologie immergono l'utente in ambienti simulati (VR) o sovrappongono informazioni digitali al mondo reale (AR).

- *Applicazioni:* Sono impiegate nell'istruzione per l'apprendimento immersivo, nel settore sanitario per terapie e riabilitazione, e nel gaming per esperienze immersive.

- *Sfide e Rischi:* Problemi quali la dipendenza, la perdita di contatto con la realtà e le implicazioni sulla privacy sono questioni di rilievo.

Stampa 3D e Biostampa:

- *Descrizione:* La stampa 3D crea oggetti tridimensionali da un modello digitale, mentre la biostampa utilizza cellule viventi come "inchiostro" per creare tessuti e organi.

- *Applicazioni:* La stampa 3D è usata per la produzione rapida di prototipi, mentre la biostampa ha il potenziale per creare organi per trapianti.

- *Sfide e Rischi:* Si devono considerare le questioni etiche nella creazione di organi e tessuti, e i problemi di proprietà intellettuale e regolamentazione nella stampa 3D.

Energia e Ambiente:

- *Descrizione:* Le tecnologie emergenti nel settore energetico e ambientale cercano di affrontare i cambiamenti climatici e la crescente domanda di energia.

- *Applicazioni:* Includono l'energia solare e eolica, la fusione nucleare, e le tecnologie di cattura e stoccaggio del carbonio.

- *Sfide e Rischi:* L'adozione su larga scala, l'impatto ambientale e i problemi economici e politici sono aspetti cruciali.

Computazione Quantistica:

- *Descrizione:* La computazione quantistica utilizza i principi della meccanica quantistica per eseguire calcoli a velocità incredibili.

- *Applicazioni:* Potrebbe rivoluzionare campi come la criptografia, la simulazione di molecole e l'ottimizzazione di problemi complessi.

- *Sfide e Rischi:* Le implicazioni sulla sicurezza informatica, i problemi tecnologici e le questioni etiche nell'uso sono temi importanti.

In conclusione, mentre il transumanesimo e le tecnologie correlate offrono scenari entusiasmanti per il futuro dell'umanità, è fondamentale affrontare proattivamente le sfide etiche e sociali che emergono. Il dialogo e la riflessione sono essenziali per garantire uno sviluppo equilibrato e sostenibile di queste tecnologie rivoluzionarie.

Concludendo, l'incorporamento delle tecnologie chiave nel campo del transumanesimo rappresenta un capitolo decisivo per il futuro della nostra specie. La convergenza tra nanotecnologia, biotecnologia, intelligenza artificiale, ingegneria genetica e interfaccia cervello-computer ha il potenziale per risolvere alcune delle più grandi sfide umane, tuttavia, porta con sé una miriade di questioni etiche, sociali e filosofiche che richiedono un'attenta considerazione.

Il dibattito sulle implicazioni morali e sui rischi associati alla manipolazione della vita umana, alla creazione di intelligenza non biologica e alla fusione di uomo e macchina è vasto e complesso. Le domande su chi dovrebbe avere accesso a queste tecnologie, come dovrebbero essere regolamentate e quali limiti dovrebbero essere imposti sono essenziali per garantire che i benefici siano distribuiti equamente e che i rischi siano mitigati.

Inoltre, è imperativo esplorare e comprendere le possibili ripercussioni psicologiche, culturali e sociopolitiche della realizzazione dei principi transumanisti. Il modo in cui la società assimilerà queste tecnologie, adatterà le norme sociali e affronterà le disparità emergenti sarà fondamentale per plasmare un futuro in cui l'umanità e la tecnologia coesistono in armonia.

Un'altra considerazione cruciale è la salvaguardia della biodiversità e dell'equilibrio ecologico nel nostro pianeta. L'implementazione di tecnologie avanzate non dovrebbe compromettere la sostenibilità ambientale, ma piuttosto contribuire a soluzioni innovative per la conservazione della natura e la lotta contro i cambiamenti climatici.

Infine, la riflessione sull'identità umana e il significato della vita nel contesto del transumanesimo è essenziale. Man mano che superiamo i confini biologici e esploriamo nuove forme di esistenza, è vitale mantenere un dialogo aperto e inclusivo sulla definizione di ciò che significa essere umani e sulle aspirazioni e valori fondamentali che guidano il nostro progresso.

In sintesi, il futuro del transumanesimo e delle tecnologie chiave associati è un territorio inesplorato ricco di possibilità ma anche di sfide. La nostra capacità di navigare in questo futuro dipenderà dalla profondità delle nostre riflessioni etiche, dalla forza delle nostre regolamentazioni e dalla saggezza delle nostre decisioni. Rimanere consapevoli delle implicazioni a lungo termine e impegnarsi in un dibattito costruttivo sarà essenziale per guidare l'umanità verso un futuro in cui il transumanesimo realizza il suo pieno potenziale per il bene di tutti.

14. Miglioramento Umano e Potenziamento Cognitivo

Il miglioramento umano e il potenziamento cognitivo sono elementi centrali della filosofia transumanista. Questi termini fanno riferimento all'utilizzo di tecnologie avanzate per migliorare le capacità fisiche, intellettuali ed emotive dell'essere umano, trascendendo i limiti biologici tradizionali.

Potenziamento Cognitivo:

Il potenziamento cognitivo riguarda il miglioramento delle funzioni cognitive umane, come la memoria, l'attenzione, l'intelligenza e la creatività. Alcuni approcci in questo ambito includono farmaci nootropici, stimolazione cerebrale non invasiva, e neurofeedback. La ricerca in questo campo è in continua evoluzione, con l'obiettivo di sviluppare metodi sempre più efficaci e sicuri per migliorare le capacità cognitive.

Le implicazioni del potenziamento cognitivo sono vastissime. Potrebbe migliorare la produttività, l'apprendimento, e la capacità di risolvere problemi complessi. Tuttavia, solleva anche questioni etiche significative, come l'accessibilità, l'equità, e i potenziali effetti a lungo termine sull'individuo e sulla società.

Miglioramento Umano:

Il miglioramento umano va oltre il potenziamento cognitivo e include il miglioramento di aspetti fisici, sensoriali e psicologici dell'individuo. Questo può includere la modifica genetica, l'uso di protesi avanzate, la terapia genica, e l'ingegneria tissutale. Le tecnologie chiave come la CRISPR, la stampa 3D di organi, e le interfacce cervello-computer sono strumenti potenziali per realizzare tali miglioramenti.

Le possibilità sono affascinanti: un aumento della longevità, la resistenza a malattie, e l'espansione delle capacità umane oltre i limiti naturali. Tuttavia, le sfide etiche sono considerevoli. Le questioni riguardano la definizione di "normale" e "migliorato", i diritti umani, l'identità personale, e le possibili disparità tra coloro che hanno accesso a tali tecnologie e coloro che no.

Implicazioni Sociali e Etiche:

Il dibattito su miglioramento umano e potenziamento cognitivo è intricato e multidimensionale. Da un lato, queste tecnologie offrono la promessa di una vita migliore, con individui più sani, più intelligenti e più capaci. Dall'altro, esistono preoccupazioni reali riguardo alle disuguaglianze, all'autonomia, e all'alterazione dell'essenza stessa dell'essere umano.

È imperativo che la società affronti proattivamente queste questioni, stabilendo normative, linee guida etiche e meccanismi di inclusione. Inoltre, è fondamentale coinvolgere un'ampia gamma di stakeholder, inclusi scienziati, etici, legislatori, e il pubblico generale, per navigare responsabilmente nel futuro del miglioramento umano.

In conclusione, il miglioramento umano e il potenziamento cognitivo rappresentano un territorio inesplorato di possibilità e sfide. Il dialogo, la riflessione etica, e la regolamentazione sono essenziali per bilanciare i benefici potenziali con i rischi inerenti, garantendo uno sviluppo equo e responsabile di queste tecnologie rivoluzionarie.

Il miglioramento umano e il potenziamento cognitivo stanno acquisendo sempre più interesse da parte della comunità scientifica e del pubblico. Oltre alle tecnologie e ai metodi già discussi, ci sono vari ambiti e sviluppi in corso che meritano una menzione approfondita.

Realizzazione del Potenziale Umano:

Il transumanesimo cerca di realizzare il potenziale umano in modi che vanno ben oltre ciò che è attualmente possibile. Questo può includere l'esplorazione di stati di coscienza avanzati, l'aumento della resilienza emotiva e psicologica, e l'ottimizzazione della salute e del benessere. La meditazione e altre pratiche di mindfulness, ad esempio, sono state esplorate per il loro potenziale nel migliorare il benessere cognitivo e emotivo.

Augmented Reality e Virtual Reality:

La realtà aumentata (AR) e la realtà virtuale (VR) sono tecnologie emergenti che offrono nuove possibilità per il miglioramento umano. Possono essere utilizzate per l'apprendimento immersivo, la riabilitazione, la terapia e l'espansione dell'esperienza umana. Queste tecnologie possono alterare la percezione della realtà, creando esperienze che possono migliorare o modificare le capacità cognitive e sensoriali.

Biohacking:

Il biohacking è un movimento che utilizza una varietà di metodi, sia convenzionali che non convenzionali, per ottimizzare e migliorare le capacità del corpo umano. Questo può includere la modifica della dieta, l'esercizio fisico, il digiuno, la manipolazione del microbioma intestinale e l'uso di supplementi e nootropici. Il biohacking è spesso sperimentale e autodiretto, con individui che cercano di ottimizzare la propria biologia in modo personalizzato.

Impatto Psicologico e Socioculturale:

L'avanzamento di queste tecnologie e pratiche pone importanti domande sull'identità umana e il senso di sé. Come cambierà la nostra percezione di ciò che significa essere umani se potessimo superare i nostri limiti biologici? Come influenzeranno le relazioni sociali, la cultura e la società in generale?

Inoltre, c'è il rischio di creare una divisione tra coloro che possono permettersi l'accesso a queste tecnologie e coloro che ne sono esclusi. Questo solleva preoccupazioni di giustizia sociale ed equità, poiché i benefici del miglioramento umano potrebbero essere riservati a una ristretta élite, accentuando ulteriormente le disuguaglianze esistenti.

Regolamentazione e Legislativo:

La regolamentazione di queste tecnologie e pratiche è un aspetto cruciale. È necessario stabilire un equilibrio tra la promozione dell'innovazione e la tutela della salute e della sicurezza pubblica. La creazione di quadri legislativi adatti è un compito impegnativo, dato il rapido progresso tecnologico e le diverse opinioni etiche e filosofiche sul miglioramento umano.

Dialogo Pubblico e Educazione:

È essenziale promuovere un dialogo pubblico informato e un'educazione su queste tematiche. La comprensione e l'accettazione delle tecnologie di miglioramento umano dipendono dalla conoscenza, dall'alfabetizzazione scientifica e dalla capacità di valutare criticamente i benefici e i rischi. L'educazione e la comunicazione giocano un ruolo chiave nel formare l'opinione pubblica e nel guidare decisioni responsabili a livello individuale e collettivo.

In questo continuo sviluppo e scoperta, l'umanità si trova di fronte a scelte significative e a riflessioni profonde sul proprio futuro. Le possibilità sono quasi infinite, ma è fondamentale procedere con saggezza, etica e responsabilità.

Integrazione Uomo-Macchina:

L'interfaccia uomo-macchina e l'integrazione neurotecnologica stanno avanzando a passi da gigante. Queste tecnologie cercano di fondere l'uomo e la macchina per migliorare le capacità umane e risolvere problemi medici. Ad esempio, gli esoscheletri possono essere utilizzati per aiutare le persone con disabilità motorie, mentre le interfacce cervello-computer (BCI) possono consentire la comunicazione e il controllo dei dispositivi con il pensiero.

Protesi e Implantati:

Lo sviluppo di protesi avanzate e implantati è un altro campo promettente. Queste tecnologie possono non solo ripristinare le funzioni perse a causa di infortuni o malattie, ma anche superare le capacità umane naturali. Ad esempio, gli occhi bionici potrebbero permettere la visione notturna o la visualizzazione di dati aggiuntivi, mentre gli impianti cognitivi potrebbero migliorare la memoria o l'apprendimento.

Genetica e CRISPR:

Le tecnologie di editing genetico come CRISPR stanno rivoluzionando la medicina e potrebbero permettere modifiche al genoma umano. Ciò solleva la possibilità di eliminare malattie ereditarie, aumentare la longevità e persino modificare caratteristiche come l'intelligenza o l'aspetto fisico. Tuttavia, queste possibilità sollevano anche importanti questioni etiche riguardanti la progettazione di bambini, l'equità e l'identità umana.

La Psicologia del Miglioramento:

La psicologia del miglioramento umano è un aspetto cruciale da esplorare. Comprendere come le persone percepiscono e reagiscono alle possibilità di miglioramento e potenziamento può fornire informazioni preziose sulle motivazioni, i desideri e i valori dell'individuo. Questo, a sua volta, può guidare lo sviluppo responsabile e accettabile di tecnologie di miglioramento.

Filosofia e Riflessione Etica:

La riflessione filosofica ed etica sul miglioramento umano è indispensabile. È fondamentale esaminare le implicazioni morali, i valori e i principi che guidano l'uso delle tecnologie di miglioramento. Questo include il dibattito su autonomia, dignità, identità, giustizia e il significato della vita umana.

Comunità e Movimenti:

La crescita delle comunità e dei movimenti di miglioramento umano rappresenta una tendenza sociale significativa. Questi gruppi spesso condividono conoscenze, esperienze e risorse, e possono influenzare le norme sociali, l'opinione pubblica e le politiche relative al miglioramento umano. La diversità delle opinioni e degli approcci all'interno di queste comunità offre una panoramica della complessità e delle sfaccettature del dibattito sul miglioramento umano.

Longevità e Anti-Invecchiamento:

Un obiettivo significativo del miglioramento umano è l'espansione della vita umana attraverso la ricerca sulla longevità e l'anti-invecchiamento. La possibilità di estendere significativamente la durata della vita umana ha implicazioni profonde per la società, l'economia, le relazioni e la filosofia della vita e della morte.

Sfide e Critiche:

Infine, è essenziale considerare le sfide e le critiche al miglioramento umano. Queste possono includere preoccupazioni per la sicurezza, l'equità, l'accessibilità e l'impatto sulla società e sull'individuo. Ascoltare e rispondere a queste critiche è fondamentale per lo sviluppo responsabile e sostenibile del miglioramento umano.

Conclusioni Parziali:

Il panorama del miglioramento umano e del potenziamento cognitivo è vasto e in rapido sviluppo, offrendo opportunità e sfide senza precedenti. La riflessione continua, il dialogo aperto e la responsabilità etica saranno fondamentali nel navigare in questo territorio inesplorato e nel plasmare il futuro dell'umanità.

Conclusione dettagliata sul Miglioramento Umano e Potenziamento Cognitivo

Il miglioramento umano e il potenziamento cognitivo rappresentano il confine avanzato della scienza e della tecnologia, un territorio in cui l'umanità sta costruendo, pezzo dopo pezzo, una nuova realtà di possibilità senza precedenti. Esplorare questo dominio significa interrogarsi su cosa significhi essere umani in un'epoca in cui le nostre capacità possono essere estese ben oltre i limiti naturali.

Diversità di Tecnologie: Le varie tecnologie, come le interfacce cervello-computer, la genetica avanzata e le neurotecnologie, stanno contribuendo a un rapido avanzamento nel campo del miglioramento umano. Queste tecnologie offrono un panorama vasto di opportunità, da incrementi delle funzioni cognitive a soluzioni innovative per malattie fino ad ora incurabili.

Questioni Etiche e Morali: La capacità di modificare il genoma umano, aumentare l'intelligenza, e migliorare fisicamente l'individuo solleva questioni etiche e morali di vasta portata. Il dibattito su questi temi si focalizza spesso sull'autonomia individuale, i diritti umani, la giustizia distributiva, e le implicazioni a lungo termine dell'evoluzione umana. La filosofia e la riflessione etica continuano ad essere pilastri fondamentali per indirizzare questi questioni e guidare le decisioni della società.

Società e Cultura: Il miglioramento umano influisce profondamente sulla società e sulla cultura, modificando le percezioni di normalità, salute, e perfino di cosa significa vivere una vita buona. Le comunità e i movimenti che si formano attorno a questi concetti svolgono un ruolo chiave nell'informare il

discorso pubblico e nel plasmare le politiche e le norme
che regolamentano l'uso di queste tecnologie.

Longevità e Qualità della Vita: La ricerca per
estendere la vita umana e migliorare la qualità della
vita è un obiettivo ambizioso del miglioramento
umano. Tuttavia, con la promessa di longevità,
emergono nuove sfide relative all'invecchiamento della
popolazione, alle risorse limitate, e alle dinamiche
sociali e familiari.

Critiche e Rischi: Nonostante il potenziale di questi
avanzamenti, è essenziale riconoscere e affrontare le
critiche e i rischi associati. Questi includono la
sicurezza delle nuove tecnologie, le disuguaglianze
nell'accesso, e i potenziali impatti negativi sulla
psicologia e sull'identità umana. Rispondere a queste
critiche attraverso la regolamentazione, la ricerca e il
dialogo è cruciale per bilanciare i benefici e i rischi.

Prospettive Future: Guardando al futuro, il
miglioramento umano e il potenziamento cognitivo
offrono un orizzonte di possibilità che potrebbe
ridisegnare i confini dell'esperienza umana. Tuttavia, è
essenziale procedere con cautela e riflessione,
considerando attentamente le implicazioni etiche,
sociali e individuali di ogni nuovo sviluppo.

In definitiva, il miglioramento umano e il potenziamento cognitivo rappresentano una frontiera della conoscenza e dell'esperienza umana, una frontiera in cui le sfide sono grandi quanto le opportunità. L'esplorazione responsabile e consapevole di questo nuovo territorio sarà determinante per plasmare un futuro in cui la tecnologia arricchisca l'umanità piuttosto che comprometterne l'integrità e la dignità.

Etica e Filosofia del Transumanesimo

L'etica e la filosofia del transumanesimo sono intricate e dense di sfaccettature, toccando questioni fondamentali dell'esistenza umana e della nostra relazione con la tecnologia. Questa branca del pensiero esamina le implicazioni morali, etiche, sociali e filosofiche della trasformazione umana attraverso le tecnologie avanzate.

Fondamenti Filosofici

Il transumanesimo attinge a vari filoni filosofici, inclusi l'umanesimo, il postumanesimo, e il pragmatismo. L'umanesimo, con la sua enfasi sull'importanza e sul valore dell'individuo, fornisce una base per la valorizzazione del miglioramento umano. Il postumanesimo esplora le possibilità di esistenza e identità oltre i confini tradizionali dell'umanità.

Autonomia e Libertà Individuale

Uno dei principi etici centrali del transumanesimo è la promozione dell'autonomia e della libertà individuale. Si sostiene che ogni individuo dovrebbe avere il diritto di scegliere come modificare il proprio corpo e la propria mente, purché queste scelte non danneggino gli altri o violino i diritti altrui.

Giustizia Distributiva

Le questioni di accesso e di equità sono centrali nel dibattito transumanista. La giustizia distributiva esamina come le risorse, in questo caso le tecnologie di miglioramento, vengono distribuite nella società. Il rischio di creare disparità ancora maggiori tra chi ha accesso a queste tecnologie e chi ne è escluso è una preoccupazione significativa.

Identità e Umanità

Il transumanesimo solleva questioni profonde riguardo l'identità umana e ciò che significa essere umani. La possibilità di modificare drasticamente le nostre capacità fisiche e cognitive, o di integrarci con le macchine, ci costringe a riflettere su valori, significati e la struttura dell'esperienza umana.

Rischi e Responsabilità

L'adozione di tecnologie transumaniste porta con sé rischi significativi, tra cui problemi di sicurezza, effetti imprevisti, e la potenziale perdita dell'umanità. La responsabilità etica richiede una valutazione attenta di questi rischi e la messa in atto di misure di sicurezza e regolamentazione.

Visioni del Futuro

L'etica del transumanesimo considera anche le visioni a lungo termine del futuro dell'umanità. Queste includono scenari utopici e distopici, la coesistenza con intelligenze artificiali, e l'espansione dell'umanità nello spazio cosmico.

Dialogo Interdisciplinare

Infine, è fondamentale il dialogo interdisciplinare tra filosofi, scienziati, tecnologi, e il pubblico. Questo dialogo aiuta a navigare tra i dilemmi etici, a costruire consenso, e a informare lo sviluppo responsabile e etico delle tecnologie transumaniste.

In sintesi, l'etica e la filosofia del transumanesimo si immergono in domande esistenziali profonde e sfidano le concezioni tradizionali di umanità, etica, e progresso. Navigare in questo terreno richiede riflessione critica, dialogo aperto e un impegno verso il benessere e la dignità di tutti gli esseri umani.

L'etica e la filosofia del transumanesimo continuano ad essere un terreno fertile per discussioni e riflessioni, portando ad esplorare aree ancora più profonde e complesse.

Etica della Modifica Genetica

Uno degli aspetti cruciali è l'etica della modifica genetica. Le tecnologie CRISPR e altre tecniche di editing genetico offrono potenzialità straordinarie per il miglioramento umano, ma sollevano anche interrogativi fondamentali: Quali sono i limiti etici della manipolazione genetica? Dovremmo intervenire solo per prevenire malattie, o anche per migliorare le capacità umane?

Implicazioni Religiose e Spirituali

Il transumanesimo interagisce anche con le questioni religiose e spirituali. Alcuni vedono il transumanesimo come un modo per realizzare aspirazioni spirituali, mentre altri lo percepiscono come un affronto alle leggi naturali o divine. Questo dialogo tra transumanesimo e spiritualità può offrire nuove prospettive sulla vita, la morte, e il significato dell'esistenza.

Biodiversità Umana e Culturale

La possibilità di modificare l'essere umano pone anche la questione della biodiversità umana e culturale. Come influenzano queste tecnologie la diversità delle culture umane? Potrebbero emergere nuove forme di ineguaglianza e discriminazione? La tutela della diversità è un tema cruciale nella discussione etica transumanista.

Agire nel Presente

Mentre il transumanesimo guarda al futuro, solleva anche questioni urgenti sul presente. Come dovremmo agire ora per guidare lo sviluppo di tecnologie in modo etico? Quali sono le responsabilità delle generazioni attuali verso le future? La riflessione sulla prassi attuale è indispensabile per modellare un futuro desiderabile.

Nuove Forme di Vita

Il transumanesimo spinge a riflettere su cosa potrebbe significare creare nuove forme di vita, sia attraverso la biologia sintetica che attraverso l'intelligenza artificiale. Questo solleva interrogativi sull'autonomia, i diritti e il valore morale di entità non umane o post-umane.

Longevità e Immortalità

L'obiettivo transumanista di prolungare la vita umana, o addirittura di raggiungere l'immortalità, porta con sé interrogativi filosofici profondi. Qual è il valore della mortalità? Una vita infinitamente lunga avrebbe ancora significato e valore? Questi temi toccano le radici della filosofia e della riflessione umana.

Relazione con la Natura

Infine, il transumanesimo ci costringe a riconsiderare la nostra relazione con la natura. L'utilizzo di tecnologie per trascendere i limiti biologici pone la questione del nostro ruolo nel mondo naturale e delle responsabilità ecologiche che derivano da esso.

Questi sono solo alcuni degli aspetti che emergono nell'analisi dell'etica e della filosofia del transumanesimo, e ogni punto solleva ulteriori domande e sfide, creando un panorama vasto e in continua evoluzione di riflessione e discussione.

In conclusione, l'etica e la filosofia del transumanesimo rappresentano un campo vasto e multifaccettato che indaga le implicazioni morali, esistenziali e sociali degli avanzamenti tecnologici volti a migliorare e trasformare la condizione umana. Questa disciplina si interroga sulle molteplici dimensioni del nostro essere e sulle potenzialità insite nella tecnologia, cercando di bilanciare gli imperativi morali con le aspirazioni umane.

1. **Bilanciamento Etico:** La necessità di bilanciare le potenzialità offerte dalle tecnologie con le considerazioni etiche è fondamentale. Il miglioramento genetico, la longevità estrema e la creazione di nuove forme di vita presentano sfide morali significative. La società, i filosofi e gli scienziati devono collaborare per delineare

principi etici robusti e universali che guidino lo
sviluppo e l'implementazione di queste
tecnologie.

2. **Dialogo Interdisciplinare:** La complessità
   delle questioni sollevate dal transumanesimo
   richiede un approccio interdisciplinare, che
   unisca competenze scientifiche, filosofiche,
   teologiche e sociali. Il dialogo tra differenti
   discipline e correnti di pensiero può arricchire la
   comprensione delle sfide presenti e future,
   fornendo una visione più olistica e integrata.

3. **Diritti e Dignità:** La considerazione dei diritti e
   della dignità di tutte le forme di vita, umane e
   non umane, è essenziale. L'espansione delle
   nostre capacità attraverso la tecnologia non deve
   tradursi in un compromesso dei valori
   fondamentali che definiscono la nostra umanità.
   Il rispetto della diversità, l'equità e la giustizia
   devono rimanere pilastri centrali della filosofia
   transumanista.

4. **Riflessione sul Significato:** La riflessione
   filosofica sul significato della vita, della mortalità
   e della nostra relazione con la natura è cruciale.
   L'aspirazione a trascendere i nostri limiti
   biologici interpella le nostre concezioni
   dell'esistenza e del benessere, invitandoci a

esplorare nuove definizioni di realizzazione e appagamento.

5. **Responsabilità Generazionale e Ecologica:** La consapevolezza delle responsabilità generazionali e ecologiche che accompagnano la trasformazione tecnologica è fondamentale. Le decisioni prese oggi plasmeranno il futuro dell'umanità e dell'ecosistema terrestre, rendendo imperativo agire con saggezza, lungimiranza e rispetto per l'ambiente e le generazioni future.

6. **Dialogo Pubblico e Partecipazione:** La partecipazione attiva della società civile nel dialogo sul transumanesimo è essenziale. Le decisioni riguardanti l'uso e le implicazioni delle tecnologie devono essere prese in modo democratico, inclusivo e informato, promuovendo un'ampia discussione pubblica e l'educazione alla bioetica.

7. **Ricerca e Innovazione Responsabili:** La promozione di una ricerca e innovazione responsabili è centrale. Lo sviluppo di tecnologie transumaniste deve essere guidato da principi etici, valutazioni di impatto e un attento esame delle potenziali conseguenze a lungo termine.

Attraverso una ponderata riflessione e un rigoroso esame etico, il transumanesimo ha il potenziale di guidare l'umanità verso nuovi orizzonti di conoscenza, realizzazione e benessere, mantenendo al contempo un impegno saldo nei confronti dei valori fondamentali e della dignità umana. La profondità e l'ampiezza delle questioni etiche e filosofiche sollevate dal transumanesimo offrono un ricco terreno di indagine, contribuendo a plasmare un futuro in cui tecnologia e umanità coesistono in armonia.

16. Rischi e Controversie

Il transumanesimo e le tecnologie correlate portano con sé una serie di rischi e controversie che meritano attenzione e dibattito. La discussione su questi temi è vasta e spazia da questioni etiche a implicazioni sociali, economiche e politiche.

1. **Disuguaglianza:** Uno dei rischi principali è l'accentuazione delle disuguaglianze. Le tecnologie di miglioramento umano potrebbero essere accessibili solo a chi può permettersele, creando un divario tra chi può beneficiarne e chi no. Questo solleva preoccupazioni riguardo l'equità, la giustizia sociale e la creazione di una potenziale "elite" migliorata.

2. **Identità Umana:** Le tecnologie transumaniste possono alterare profondamente la natura umana, sollevando questioni sull'identità, l'autenticità e ciò che significa veramente essere umani. La possibilità di modificare attributi fisici, cognitivi ed emotivi potrebbe sfidare le nostre concezioni di individualità e umanità.

3. **Etica della Modifica Genetica:** Le tecniche di editing genetico come CRISPR pongono interrogativi etici sulle modifiche della linea germinale umana. Le implicazioni di tali modifiche sono profonde e potrebbero avere effetti a lungo termine non solo sull'individuo, ma anche sulle generazioni future.

4. **Autonomia e Consenso:** La questione dell'autonomia individuale e del consenso informato è centrale. Chi dovrebbe decidere quali modifiche sono accettabili? Come possiamo assicurare che le persone siano adeguatamente informate e in grado di dare un consenso veramente libero ed informato?

5. **Sicurezza e Abuso:** Le tecnologie avanzate portano rischi di abuso e di utilizzo malevolo. La possibilità di miglioramento cognitivo, ad esempio, potrebbe essere sfruttata a scopi militari o per creare super-lavoratori, sollevando preoccupazioni etiche e di sicurezza.

6. **Implicazioni Psicologiche:** Il miglioramento umano può avere conseguenze psicologiche impreviste. Modificare aspetti del sé potrebbe influenzare il senso di identità, la percezione della realtà e le relazioni interpersonali, portando a nuovi problemi di salute mentale.

7. **Rischi Ambientali:** L'adozione di tecnologie transumaniste potrebbe avere impatti ambientali significativi. L'espansione delle capacità umane e l'aumento della longevità potrebbero intensificare la pressione sulle risorse naturali e i sistemi ecologici.

8. **Regolamentazione e Governance:** La mancanza di regolamentazione e governance adeguate è una preoccupazione crescente. La rapida evoluzione delle tecnologie può superare la capacità delle istituzioni di creare normative adeguate, lasciando spazio a comportamenti irresponsabili e a dilemmi etici.

9. **Dibattito Pubblico e Societale:** È essenziale coinvolgere il pubblico e la società nel dibattito sul transumanesimo. La creazione di un dialogo inclusivo e partecipativo può contribuire a formare consenso, a definire valori comuni e a indirizzare lo sviluppo delle tecnologie in modo etico e socialmente responsabile.

10.   **Filosofie Contrapposte:** Il contrasto tra diverse visioni del mondo e filosofie di vita può generare tensioni e controversie. Il dialogo tra transumanisti e bioconservatori, ad esempio, è fondamentale per comprendere e risolvere le divergenze etiche e valoriali.

In conclusione, mentre il transumanesimo offre possibilità entusiasmanti per il futuro dell'umanità, è cruciale affrontare i rischi e le controversie associati con saggezza e responsabilità. Un approccio equilibrato, etico e inclusivo può aiutare a navigare i dilemmi morali e a realizzare i benefici delle tecnologie avanzate, preservando la dignità, i diritti e il benessere dell'individuo e della società nel suo insieme.

Continuando a esplorare le sfaccettature dei rischi e delle controversie legate al transumanesimo, è essenziale valutare ulteriori dimensioni e scenari che emergono dall'intersezione di scienza, tecnologia e società.

11. **Mercato Nero e Turismo Medico:** La crescente domanda di interventi di miglioramento potrebbe alimentare un mercato nero e incentivare il turismo medico, con individui che cercano trattamenti non regolamentati o illegali in paesi con normative meno stringenti. Questo solleva preoccupazioni

sulla sicurezza, l'equità e l'etica del miglioramento umano.

12. **Biologia Sintetica:** Lo sviluppo della biologia sintetica potrebbe portare alla creazione di forme di vita artificiali o all'alterazione profonda di organismi esistenti. Ciò solleva interrogativi sulla definizione stessa di vita, sui diritti degli organismi sintetici e sull'equilibrio degli ecosistemi.

13. **Privacy e Sorveglianza:** L'implementazione di tecnologie avanzate nel corpo umano può avere implicazioni significative per la privacy. Dispositivi impiantabili e interfaccia cervello-computer potrebbero essere sfruttati per la sorveglianza e il controllo, minando la libertà e l'autonomia individuali.

14. **Migrazione e Diritto Internazionale:** Il miglioramento delle capacità umane potrebbe influenzare le dinamiche di migrazione globale. Le persone potrebbero cercare di trasferirsi in paesi con accesso a tecnologie avanzate, creando nuove sfide per le leggi internazionali e le politiche di immigrazione.

15. **Estensione della Vita e Sovrappopolazione:** La prospettiva di aumentare significativamente la durata della vita umana solleva questioni sulla sostenibilità

demografica e ambientale. L'estensione della vita
potrebbe portare a problemi di
sovrappopolazione, risorse limitate e tensioni
intergenerazionali.

16. **Valori Culturali e Diversità:** La diffusione
delle tecnologie transumaniste potrebbe
scontrarsi con valori culturali e tradizioni
diverse. Il rispetto per la diversità e l'inclusione
di molteplici prospettive sono fondamentali per
garantire un'evoluzione armoniosa e eticamente
accettabile della società.

17. **Responsabilità e Implicazioni Legali:** Le
modifiche ai confini dell'essere umano sollevano
interrogativi sulla responsabilità e la
colpevolezza. Come vengono definiti i diritti e i
doveri di individui potenziati? Quali sono le
implicazioni legali dei nuovi stati dell'essere?

18. **Ricerca e Sviluppo:** L'allocazione di
risorse per la ricerca e lo sviluppo in ambito
transumanista è un terreno fertile per dibattiti.
Fino a che punto la società dovrebbe investire in
tecnologie di miglioramento, a scapito di altre
priorità come la riduzione della povertà e la cura
delle malattie esistenti?

19. **Educazione e Preparazione della Società:**
L'evoluzione rapida e profonda richiede
un'educazione e una preparazione adeguata della
società. È imperativo fornire strumenti e
conoscenze per comprendere, valutare e gestire
le trasformazioni portate dal transumanesimo.

20. **Religione e Spiritualità:** Le nuove
frontiere della scienza e della tecnologia possono
sfidare e influenzare le credenze religiose e
spirituali. Il dialogo tra fede e ragione è
essenziale per esplorare il significato della vita, la
moralità e la posizione dell'essere umano
nell'universo.

Questi sono solo alcuni degli aspetti che contribuiscono
alla complessità delle controversie e dei rischi associati
al transumanesimo. Una riflessione profonda e
multidisciplinare è necessaria per navigare in questo
territorio inesplorato, ponderare i benefici e i pericoli,
e guidare responsabilmente l'umanità verso il futuro.

In conclusione, affrontare i rischi e le controversie del
transumanesimo richiede una comprensione
multidimensionale e un'approfondita riflessione etica,
sociale, culturale e legale. Il transumanesimo, con il
suo potenziale di rimodellare i confini dell'esperienza
umana, porta con sé sfide inedite e interrogativi
fondamentali sulla natura dell'essere umano e sul
futuro della società.

1. **Dialogo e Partecipazione:** La creazione di spazi di dialogo inclusivi, che coinvolgano diverse comunità, esperti, gruppi religiosi, e la società civile, è essenziale per confrontarsi su valori, norme e aspirazioni. La partecipazione di varie voci contribuirà a una riflessione collettiva e all'elaborazione di soluzioni consensuali.

2. **Regolamentazione e Standardizzazione:** La formulazione di normative internazionali e lo sviluppo di standard etici sono imperativi per guidare la ricerca e l'applicazione delle tecnologie in modo sicuro ed equo. La collaborazione tra governi, organismi di regolamentazione, ricercatori e industrie è fondamentale per bilanciare innovazione e protezione dei diritti umani.

3. **Ricerca Responsabile e Innovazione:** La promozione di una cultura di ricerca responsabile e lo sviluppo di approcci innovativi nel campo delle biotecnologie, intelligenza artificiale e altre discipline, sono cruciali per anticipare e mitigare rischi potenziali, valutare impatti a lungo termine e garantire la sostenibilità delle innovazioni.

4. **Educazione e Alfabetizzazione Tecnologica:** L'empowerment dei cittadini attraverso l'educazione e l'alfabetizzazione tecnologica è vitale per la formazione di individui consapevoli e critici, capaci di prendere decisioni informate e partecipare attivamente al dibattito sul transumanesimo.

5. **Equità e Giustizia Sociale:** L'accesso alle tecnologie di miglioramento umano deve essere equo e giusto, per prevenire la creazione di disparità e disuguaglianze. Le politiche devono mirare alla distribuzione equa dei benefici e al superamento delle barriere socio-economiche.

6. **Rispetto della Diversità e Pluralismo:** La considerazione e il rispetto delle diverse culture, tradizioni e visioni del mondo sono centrali nella definizione di un percorso condiviso. Il pluralismo e il riconoscimento della diversità sono fondamentali per un transumanesimo inclusivo e armonioso.

7. **Sviluppo Sostenibile e Ecologia:** L'attuazione di pratiche e tecnologie sostenibili è indispensabile per garantire il benessere delle generazioni future e la tutela dell'ambiente. La consapevolezza ecologica e la responsabilità ambientale dovrebbero guidare lo sviluppo e l'applicazione delle innovazioni transumaniste.

8. **Riflessione Filosofica e Teologica:** Il
   costante dialogo tra scienza e spiritualità,
   filosofia e teologia, è necessario per esplorare le
   implicazioni esistenziali del transumanesimo e
   riflettere sui valori fondamentali dell'umanità.

In sintesi, la navigazione attraverso i rischi e le
controversie del transumanesimo richiede uno sforzo
collettivo, una riflessione approfondita e un impegno
etico. Solo attraverso la collaborazione, la
comprensione reciproca e il rispetto della dignità
umana, la società potrà tracciare un percorso
responsabile e costruttivo verso il futuro
transumanista.

17. Società e Cultura Transumana

La società e la cultura transumana rappresentano il contesto in cui i principi e gli obiettivi del transumanesimo si materializzano, influenzando e plasmando la vita quotidiana, le interazioni sociali, le espressioni culturali e le strutture istituzionali. Esploriamo diversi aspetti di questo contesto emergente, analizzando come si intrecciano e come possono evolversi nel tempo.

1. **Integrazione Tecnologica:** In una società transumana, l'integrazione della tecnologia nel corpo e nella mente umana diventa la norma. La convergenza tra biologia e tecnologia permette un continuo miglioramento delle capacità umane, dall'intelligenza alla longevità, influenzando profondamente le dinamiche sociali, le relazioni e l'identità individuale.

2. **Diversità e Pluralismo:** La società transumana è caratterizzata da una crescente diversità e pluralismo. L'ampia gamma di possibilità di miglioramento e modifica del corpo e della mente porta a una molteplicità di espressioni dell'identità umana, arricchendo il tessuto sociale con nuove forme di diversità e inclusività.

3. **Nuove Forme di Socialità:** Le tecnologie di comunicazione avanzate e la realtà virtuale/aumentata creano nuove forme di interazione e socialità. Le comunità virtuali diventano sempre più rilevanti, e la distinzione tra realtà fisica e digitale si sfuma, modificando il concetto di presenza e appartenenza.

4. **Evoluzione dei Valori e delle Norme:** La cultura transumana porta alla riformulazione dei valori e delle norme sociali. L'etica del miglioramento, l'aspirazione all'auto-trascendimento e la valorizzazione della diversità e dell'innovazione influenzano la moralità, le leggi e le politiche pubbliche.

5. **Educazione e Apprendimento Continuo:** L'accesso alle tecnologie cognitive e la necessità di adattarsi a un ambiente in rapida evoluzione stimolano la riforma dell'educazione e l'importanza dell'apprendimento continuo. Le competenze richieste cambiano, e l'educazione diventa un processo dinamico e personalizzato.

6. **Salute e Longevità:** I progressi nelle biotecnologie e nella medicina rigenerativa contribuiscono a una maggiore attenzione alla salute e all'estensione della vita umana. Questo cambio di paradigma influisce sulle aspettative di

vita, sulle strutture familiari, sul lavoro e sulle politiche sociali.

7. **Arte e Espressione Creativa:** L'arte nella società transumana esplora nuovi orizzonti di espressione e creatività. Le tecnologie digitali, la realtà virtuale e la manipolazione genetica offrono nuovi medium e modalità di creazione, riflettendo e interrogando i cambiamenti in atto nell'esperienza umana.

8. **Politica e Governance:** La politica in una società transumana si adatta per affrontare le sfide e le opportunità create dal progresso tecnologico. La governance diventa più partecipativa, flessibile e orientata ai dati, mentre emergono nuovi dibattiti su diritti, libertà e giustizia.

9. **Economia e Lavoro:** L'economia della società transumana è profondamente influenzata dall'automazione, dall'intelligenza artificiale e dall'innovazione. Il mercato del lavoro si trasforma, emergono nuove professioni e si riformulano i concetti di produttività e valore.

10. **Religione e Spiritualità:** Anche la religione e la spiritualità sono toccate dalla cultura transumana. Si formano nuove filosofie e movimenti spirituali che cercano di armonizzare la fede con il progresso tecnologico, mentre le

religioni tradizionali si adattano e riflettono su questi cambiamenti.

In sintesi, la società e la cultura transumana rappresentano un intricato e dinamico insieme di trasformazioni e adattamenti, un laboratorio vivente in cui l'umanità esplora i propri limiti, ridefinisce se stessa e immagina nuovi futuri possibili. La comprensione e la navigazione consapevole di questo scenario in evoluzione sono essenziali per costruire un futuro inclusivo, equo e sostenibile.

La società e la cultura transumana non sono solo una mera estensione delle possibilità umane, ma anche un terreno fertile per il dibattito filosofico, etico e sociologico. Questo ambiente multifaccettato è il teatro di una costante riflessione sul significato dell'essere umano e sulle implicazioni delle scelte che facciamo.

Adattamento e Cambiamento: In questo contesto, l'adattamento e il cambiamento continuo diventano essenziali. Le persone sono chiamate a riconsiderare le proprie convinzioni, abitudini e stili di vita, a fronte delle continue innovazioni e delle mutevoli dinamiche sociali. Questo processo di adattamento non è sempre facile e solleva importanti questioni su equità, accesso e giustizia, poiché non tutti hanno le stesse opportunità di accedere ai benefici del progresso tecnologico.

Identità Fluida e Autodeterminazione: L'idea stessa di identità umana diventa più fluida. La possibilità di modificare il corpo, la mente e persino la coscienza conduce a una riflessione profonda sull'autodeterminazione e sul diritto di ognuno di definire se stesso. Questa fluidità dell'identità può portare a una maggiore tolleranza e accettazione delle differenze, ma anche a nuove forme di conflitto e tensione sociale.

Ambiente e Sostenibilità: La cultura transumana pone anche un accento particolare sull'ambiente e sulla sostenibilità. L'utilizzo responsabile delle risorse, la protezione dell'ambiente naturale e la ricerca di soluzioni sostenibili sono temi centrali. Questa consapevolezza ambientale si riflette in una crescente responsabilità individuale e collettiva e in un impegno verso modelli di sviluppo più equi e sostenibili.

Conflitti Etici e Dialogo: Emergono inevitabilmente conflitti etici e morali. Diversi gruppi e individui possono avere visioni contrastanti su temi quali la modificazione genetica, l'immortalità, la realtà virtuale e l'intelligenza artificiale. Il dialogo e il dibattito diventano strumenti fondamentali per affrontare queste divergenze e cercare soluzioni condivise.

Scienza e Conoscenza: In una società transumana, la scienza e la conoscenza assumono un ruolo ancora più centrale. La ricerca scientifica è alla base delle innovazioni tecnologiche, e l'accesso all'istruzione e all'informazione è fondamentale per la partecipazione attiva degli individui. Emergono nuove sfide relative alla divulgazione scientifica, all'alfabetizzazione tecnologica e alla democratizzazione della conoscenza.

Comunità e Relazioni Umane: Le relazioni umane e il senso di comunità sono anch'essi influenzati. La possibilità di comunicare e interagire in modi sempre più avanzati può rafforzare i legami sociali, ma anche creare nuove forme di alienazione e solitudine. La ricerca di un equilibrio tra connessione e autonomia diventa un tema centrale.

Leggi e Regolamentazioni: Dal punto di vista legale, la società transumana richiede un costante aggiornamento delle leggi e delle regolamentazioni. Nuove tecnologie e pratiche richiedono un quadro normativo che bilanci i diritti e le libertà individuali con la sicurezza e il benessere collettivo. Questo processo di adeguamento legislativo è complesso e richiede una profonda riflessione su valori e principi.

Globalizzazione e Localismo: Infine, la tensione tra globalizzazione e localismo è un altro aspetto della società e della cultura transumana. Da un lato, le tecnologie digitali e la mobilità umana favoriscono l'interconnessione globale; dall'altro, emerge una riscoperta delle tradizioni locali, delle comunità e dell'identità territoriale. Questa dinamica tra universale e particolare influisce sulle dinamiche geopolitiche, sull'integrazione culturale e sulla coesione sociale.

In sintesi, esplorare la società e la cultura transumana è un viaggio affascinante attraverso un paesaggio in continua evoluzione, ricco di sfide e opportunità, di conflitti e armonie, dove il futuro dell'umanità si sta disegnando.

La società e la cultura transumana, nella loro complessità e profondità, aprono una miriade di possibili percorsi per il futuro dell'umanità. L'impatto di questa corrente di pensiero e pratica è immenso e tocca ogni aspetto della nostra esistenza, sollevando questioni cruciali e generando sia entusiasmo che preoccupazione.

Una Nuova Umanità: La visione del transumanesimo mira a creare una nuova umanità, in cui le potenzialità dell'individuo sono amplificate e le limitazioni superate. Tuttavia, questa trasformazione non è priva di sfide. La definizione stessa di cosa significhi essere umano è messa in discussione, e la tensione tra la preservazione dell'identità umana e l'esplorazione di nuovi orizzonti è palpabile. Il concetto di persona, corpo, mente e coscienza è soggetto a ridefinizioni radicali, e la società nel suo insieme deve confrontarsi con i cambiamenti che ne derivano.

Dibattito Etico e Morale: Il profondo dibattito etico e morale che scaturisce da questi cambiamenti è fondamentale. Le discussioni su temi come la modificazione genetica, la potenziamento cognitivo, l'immortalità tecnologica e la fusione uomo-macchina sono centrali nella società transumana. Le diverse visioni e le divergenze di opinioni richiedono dialogo, comprensione e, soprattutto, la ricerca di un terreno comune, in cui i valori universali dell'umanità sono rispettati e tutelati.

Innovazione Responsabile: L'innovazione tecnologica e scientifica, pur essendo la forza motrice del transumanesimo, deve essere condotta in modo responsabile. Il rischio di creare disuguaglianze, di violare i diritti umani e di causare danni irreversibili all'ambiente e alla società è reale. Una gestione attenta e consapevole dei progressi tecnologici è essenziale per garantire uno sviluppo sostenibile e equo, che tenga conto delle necessità di tutti gli individui e delle future generazioni.

Equità e Accesso: La questione dell'equità e dell'accesso è centrale in questo contesto. Le opportunità e i benefici derivanti dal transumanesimo devono essere accessibili a tutti, indipendentemente dallo status socio-economico, dalla nazionalità, dalla razza o dal genere. La creazione di una società giusta e inclusiva, in cui ogni individuo ha la possibilità di realizzare il proprio potenziale, è un obiettivo fondamentale del transumanesimo e un pilastro per la costruzione di un futuro armonioso.

Sintesi Culturale e Sociale: Culturalmente, il transumanesimo favorisce la sintesi tra tradizione e innovazione, tra localismo e globalizzazione. La valorizzazione della diversità culturale e l'integrazione delle differenti eredità storiche e sociali sono essenziali per la formazione di una società transumana ricca e coesa. L'interconnessione globale, facilitata dalle tecnologie digitali, offre opportunità uniche per il dialogo interculturale e la costruzione di una comunità globale.

Educazione e Formazione: L'importanza dell'educazione e della formazione in una società transumana non può essere sottovalutata. L'alfabetizzazione tecnologica, la comprensione etica e la consapevolezza critica sono competenze essenziali per navigare in un mondo in continua evoluzione. La formazione di individui capaci di pensare in modo critico, di adattarsi ai cambiamenti e di contribuire al benessere della società è un investimento nel futuro.

Futuro Incerto ma Promettente: Infine, sebbene il futuro della società e della cultura transumana sia incerto e le sfide da affrontare siano numerose, le potenzialità e le opportunità sono immense. La prospettiva di superare i limiti umani, di esplorare nuovi mondi e di creare una società più giusta e sostenibile è entusiasmante. Tuttavia, è necessario procedere con saggezza, responsabilità

19. Case Study: Esempi di Progetti Transumanisti

I progetti transumanisti sono numerosi e spaziano in diversi campi della scienza e della tecnologia. Eccoli alcuni esempi significativi che illustrano l'ampio spettro delle iniziative transumaniste:

1. **2045 Initiative:**

   - **Obiettivo:** Creare un nuovo modello di vita post-biologico tramite avatar robotici.

   - **Descrizione:** Fondata da Dmitry Itskov nel 2011, questa iniziativa mira a sviluppare tecnologie per trasferire la coscienza umana in corpi robotici, superando così i limiti del corpo biologico e raggiungendo l'immortalità.

- **Progressi:** La ricerca e lo sviluppo sono ancora in corso, ma l'iniziativa ha guadagnato sostegno e attenzione a livello internazionale.

2. **Calico (California Life Company):**

   - **Obiettivo:** Combattere l'invecchiamento e prolungare la vita umana.

   - **Descrizione:** Fondata da Google nel 2013, Calico è una società di biotecnologia focalizzata sulla ricerca delle cause dell'invecchiamento e sullo sviluppo di terapie per estendere la longevità umana.

   - **Progressi:** Anche se molti dettagli sui progetti di Calico sono riservati, è noto che la compagnia sta conducendo ricerche avanzate in biologia dell'invecchiamento.

3. **Brain-Computer Interface (BCI) Technologies:**

   - **Obiettivo:** Sviluppare interfacce cerebro-computer per migliorare le capacità cognitive e motorie umane.

   - **Descrizione:** Numerose aziende e istituti di ricerca, come Neuralink di Elon Musk, stanno lavorando allo sviluppo di tecnologie BCI per collegare il cervello

umano direttamente ai computer,
migliorando così le funzioni cerebrali e
permettendo la comunicazione pensiero-
macchina.

- **Progressi:** Sono stati fatti significativi
  progressi, con diversi prototipi e studi
  clinici in corso per valutare l'efficacia e la
  sicurezza di tali tecnologie.

4. **CRISPR-Cas9 Gene Editing:**

- **Obiettivo:** Modificare il genoma umano
  per prevenire malattie e migliorare le
  caratteristiche fisiche e cognitive.

- **Descrizione:** La tecnologia CRISPR-Cas9
  permette la modifica diretta e precisa del
  DNA, offrendo la possibilità di eliminare
  difetti genetici e introdurre nuovi tratti
  desiderabili.

- **Progressi:** Mentre la tecnologia è già
  utilizzata per la modifica genetica di piante
  e animali, l'applicazione nell'uomo è
  soggetta a stringenti normative etiche e
  legali, ma si stanno conducendo studi e
  sperimentazioni.

5. **Cryonics:**

- **Obiettivo:** Preservare il corpo umano a basse temperature nella speranza di resuscitarlo in futuro.

- **Descrizione:** Aziende come Alcor e Cryonics Institute offrono servizi di criopreservazione con l'obiettivo di conservare il corpo fino a quando la scienza sarà in grado di rivivificarlo e curare le malattie attualmente incurabili.

- **Progressi:** Nonostante la criogenia rimanga altamente speculativa e controversa, ci sono individui che hanno scelto di sottoporsi a tale processo, e la ricerca in questo campo continua.

Questi esempi dimostrano la diversità e l'ambizione dei progetti transumanisti, che cercano di spingere i confini dell'esperienza umana attraverso l'innovazione scientifica e tecnologica. Tuttavia, è essenziale affrontare le sfide etiche, sociali e filosofiche che emergono da tali sforzi, per garantire uno sviluppo equilibrato e responsabile del transumanesimo.

Oltre ai già citati esempi di progetti transumanisti, vi sono molte altre iniziative e ricerche che si stanno sviluppando in tutto il mondo, abbracciando diversi aspetti della vita umana e delle potenzialità tecnologiche.

6. **Biohacking:**

   - In alcune comunità, gli individui stanno sperimentando il cosiddetto "biohacking", che consiste nell'utilizzare vari metodi e strumenti, come l'ingegneria genetica e l'implantologia, per ottimizzare e potenziare il proprio corpo e mente. Il biohacking ha lo scopo di rendere l'individuo più resiliente, longevo, e dotato di capacità potenziate, ma solleva anche numerose questioni etiche e di sicurezza.

7. **Augmented Reality (AR) e Virtual Reality (VR):**

   - Le tecnologie AR e VR stanno progredendo rapidamente, offrendo nuovi modi di interagire con il mondo e ampliando le esperienze umane. Queste tecnologie possono essere utilizzate per migliorare l'apprendimento, la formazione, e il divertimento, ma anche per creare nuovi ambienti e realtà in cui gli individui possono esplorare aspetti alternativi dell'esistenza.

8. **Tecnologie Wearable e Implantabili:**

- Il progresso delle tecnologie indossabili e implantabili permette un monitoraggio continuo della salute, l'accesso a informazioni in tempo reale, e l'ottimizzazione delle performance fisiche e cognitive. Queste tecnologie integrano l'intelligenza artificiale e la bioingegneria per creare soluzioni personalizzate che possono monitorare e intervenire sui parametri biologici dell'individuo.

9. **Progetti di Ricerca sulla Longevità:**

- In tutto il mondo, diversi istituti di ricerca e aziende di biotecnologia stanno lavorando su progetti volti a comprendere meglio i processi di invecchiamento e a sviluppare terapie per estendere la durata della vita umana. Questi progetti esplorano diverse vie, dalla manipolazione genetica alla sostituzione di organi e tessuti danneggiati con equivalenti bioingegnerizzati.

10. **Sviluppo di Exoscheletri e Protesi avanzate:**

- La ricerca e lo sviluppo di exoscheletri e protesi avanzate mirano a migliorare la mobilità e le capacità fisiche delle persone con disabilità. Queste tecnologie stanno anche esplorando la possibilità di potenziare le abilità umane normali, creando individui con forza, velocità e resistenza superiori.

11. Mind Uploading:

- La possibilità di caricare la mente umana su un computer, conosciuta come "mind uploading", rimane al momento un concetto principalmente teorico, ma alcuni ricercatori e filosofi stanno esplorando le implicazioni e le sfide di tale idea, che potrebbe portare a una forma di immortalità digitale.

12. Farmaci Nootropici e Sostanze Potenzianti:

- L'uso di farmaci nootropici e altre sostanze per migliorare la memoria, l'attenzione, e altre funzioni cognitive è in crescita. La ricerca continua a esplorare nuovi composti e strategie per potenziare le capacità cognitive umane in modo sicuro ed efficace.

Tutte queste iniziative mostrano quanto il transumanesimo stia cercando di ridefinire i limiti dell'esperienza e delle capacità umane. Tuttavia, l'esplorazione di queste frontiere porta con sé

importanti domande etiche, filosofiche e sociali che la
società nel suo complesso deve affrontare per garantire
uno sviluppo equo e sostenibile di queste tecnologie
avanzate.

13. Crispr-Cas9 e Editing Genetico:

- Una delle tecnologie più rivoluzionarie nel campo
  della biologia molecolare è Crispr-Cas9, uno
  strumento di editing genetico che permette di
  modificare il DNA di organismi viventi con
  precisione. Questa tecnologia ha il potenziale di
  curare malattie genetiche, ottimizzare
  caratteristiche fisiche e cognitive e persino
  estendere la vita umana. Tuttavia, solleva anche
  gravi questioni etiche riguardo i limiti della
  manipolazione genetica e i possibili impatti sulla
  biodiversità e l'evoluzione.

14. Intelligenza Artificiale nella Medicina:

- L'integrazione dell'intelligenza artificiale nella
  medicina sta rivoluzionando le diagnosi e le
  terapie. Algoritmi avanzati possono analizzare
  dati medici, riconoscere modelli e predire
  l'insorgenza di malattie con una precisione mai
  raggiunta prima. Questo può portare a
  trattamenti più efficaci e personalizzati, ma apre
  anche dibattiti sulla privacy e sull'uso dei dati
  biomedici.

15. **Neurotecnologie e Interfaccia Cervello-Computer:**

- Le neurotecnologie stanno avanzando a ritmi rapidi, offrendo la possibilità di interfacciare il cervello umano direttamente con computer e macchine. Questo può permettere il controllo di protesi, la comunicazione silenziosa tra individui e l'ampliamento delle capacità cognitive. I rischi, tuttavia, includono possibili violazioni della privacy mentale e la manipolazione delle persone.

16. **Sviluppo di Organoidi e Organi Artificiale:**

- La ricerca nel campo degli organoidi – strutture tridimensionali coltivate in laboratorio che simulano organi – e degli organi artificiali è in crescita. Questi sviluppi potrebbero permettere la sostituzione di organi danneggiati o malfunzionanti e aprire la strada a trattamenti innovativi per diverse malattie.

17. **Nano-Robotica e Medicina Nanotecnologica:**

- L'uso di nanorobot e nanotecnologie nella medicina ha il potenziale di rivoluzionare il modo in cui le malattie vengono trattate. Questi piccolissimi dispositivi possono navigare nel corpo umano, somministrare farmaci con precisione, riparare tessuti a livello cellulare e persino distruggere cellule tumorali.

18. **Sistemi di Miglioramento Cognitivo:**

- Oltre ai farmaci nootropici, vi sono ricerche in corso per sviluppare sistemi di stimolazione cerebrale non invasivi che possono migliorare la memoria, l'apprendimento, e altre funzioni cognitive. Questi sistemi possono offrire nuove opportunità per l'educazione e la formazione, ma sollevano anche questioni etiche sulla loro disponibilità e uso.

19. **Etica della Potenziamento Umano:**

- Il potenziamento umano attraverso tecnologie avanzate solleva questioni etiche fondamentali. Chi avrà accesso a queste tecnologie? Potrebbero creare disuguaglianze ancora maggiori nella società? Quali sono i limiti etici della manipolazione del corpo e della mente umana? Questi sono solo alcuni dei dilemmi che la società deve affrontare.

20. **Movimenti e Comunità Transumaniste:**

- In tutto il mondo, stanno emergendo movimenti e comunità che promuovono la visione transumanista. Questi gruppi cercano di influenzare politiche pubbliche, finanziare ricerche e creare piattaforme per discutere e promuovere gli obiettivi transumanisti. La loro crescita riflette un interesse crescente nelle possibilità offerte dal transumanesimo.

Ogni uno di questi punti rappresenta un aspetto diverso dell'impatto del transumanesimo sulla società e sugli individui, mostrando la vastità e la profondità dei cambiamenti che questa filosofia e pratica potrebbero portare nel futuro prossimo. Tuttavia, rimane fondamentale un dibattito aperto e inclusivo sulla direzione e sui limiti di

21. Regolamentazione e Legislazione:

- L'evoluzione delle tecnologie transumaniste necessita di una regolamentazione attenta e ponderata. Le legislazioni a livello nazionale e internazionale dovranno affrontare questioni come la sicurezza, l'etica, la privacy e l'accessibilità. La creazione di un quadro giuridico adeguato è fondamentale per garantire che le innovazioni siano implementate in modo responsabile e equo, e per prevenire abusi e disuguaglianze.

22. **Implicazioni Psicologiche:**

- Il transumanesimo potrebbe avere profonde implicazioni psicologiche. L'aumento delle capacità umane, sia fisiche che cognitive, potrebbe influenzare l'autopercezione, l'identità e il benessere mentale degli individui. Si potrebbero inoltre generare nuovi dilemmi etici e morali, oltre a questioni relative all'autenticità dell'esperienza umana in un contesto di potenziamento tecnologico.

23. **Innovazione e Competizione Economica:**

- L'adozione di tecnologie avanzate e la ricerca nel campo del transumanesimo possono alimentare l'innovazione e la competizione economica a livello globale. Le nazioni e le aziende che investono in questi settori potrebbero guadagnare un vantaggio competitivo, generando nuovi mercati e opportunità di lavoro, ma anche rischi di monopolio e disparità tra paesi e classi sociali.

24. **Impatto sulla Religione e sulla Spiritualità:**

- La filosofia transumanista, con la sua enfasi sul superamento dei limiti umani, potrebbe interagire in modi complessi con le credenze religiose e spirituali. Alcuni potrebbero vedere le tecnologie di potenziamento come un mezzo per avvicinarsi alla divinità o realizzare aspirazioni spirituali, mentre altri potrebbero percepirle come una minaccia ai valori tradizionali e alla dignità umana.

25. **Educazione e Formazione:**

- L'introduzione di tecnologie che potenziano le capacità cognitive e fisiche richiederà un ripensamento dell'educazione e della formazione. Le istituzioni educative dovranno adattarsi per preparare gli individui a interagire con queste tecnologie, promuovere un uso responsabile e etico, e sviluppare nuove competenze richieste dal mercato del lavoro del futuro.

26. **Bioetica e Dibattito Pubblico:**

- La bioetica gioca un ruolo cruciale nel dibattito sul transumanesimo. È essenziale che vengano affrontate le questioni etiche, morali e sociali associate all'uso di tecnologie avanzate per modificare l'essere umano. Un dibattito pubblico ampio e inclusivo contribuirà a formare l'opinione pubblica e a guidare le decisioni politiche e legislative.

27.   Comunità Online e Movimenti di Base:

- Internet e i social media hanno favorito la formazione di comunità online e movimenti di base dedicati al transumanesimo. Queste piattaforme permettono lo scambio di idee, la diffusione di informazioni e la mobilitazione di sostenitori, influenzando l'opinione pubblica e la percezione delle possibilità e dei rischi associati al transumanesimo.

28.   Implicazioni Demografiche:

- L'estensione della vita umana attraverso tecnologie transumaniste potrebbe avere implicazioni significative sulla demografia mondiale. Si potrebbero verificare cambiamenti nelle dinamiche di popolazione, nella struttura delle famiglie, nei sistemi pensionistici e nella distribuzione delle risorse. Tali cambiamenti richiederanno adeguamenti socio-economici e politici per mantenere l'equilibrio e il benessere della società.

29.   Sviluppo Sostenibile e Ambiente:

- Il transumanesimo deve essere valutato anche alla luce degli obiettivi di sviluppo sostenibile. Le tecnologie avanzate possono offrire soluzioni per affrontare sfide ambientali, ma è essenziale valutare l'impatto ecologico delle innovazioni, promuovere pratiche sostenibili

Conclusione:

Il transumanesimo rappresenta un movimento culturale, filosofico e scientifico che esplora come la tecnologia possa superare i limiti dell'esperienza umana. Abbiamo esplorato diversi aspetti del transumanesimo, tra cui:

1. **Storia e Sviluppo:**

   - Analisi delle origini e dell'evoluzione del transumanesimo.

2. **Teorie e Correnti Principali:**

   - Esame delle varie correnti e teorie transumaniste.

3. **Metodologie e Approcci:**

   - Studio dei differenti metodi e strategie adottate nel transumanesimo.

4. **Tecnologie Chiave:**

   - Discussione su tecnologie come nanotecnologia, biotecnologia, e neurotecnologia.

5. **Miglioramento Umano e Potenziamento Cognitivo:**

- Esplorazione delle possibilità di potenziamento fisico e mentale.

6. **Etica e Filosofia del Transumanesimo:**

- Riflessione sulle questioni etiche e filosofiche sollevate.

7. **Rischi e Controversie:**

- Valutazione dei rischi e delle controversie legate al transumanesimo.

8. **Società e Cultura Transumana:**

- Analisi dell'impatto del transumanesimo sulla società e sulla cultura.

9. **Case Study:**

- Esempi di progetti transumanisti e loro implicazioni.

10. **Regolamentazione e Legislazione:**

- Importanza di un quadro giuridico per il transumanesimo.

11. **Implicazioni Psicologiche, Economiche, Religiose:**

- Esame delle conseguenze psicologiche, economiche e spirituali.

12. **Educazione e Formazione:**

- Adattamento del sistema educativo alle nuove tecnologie.

13. **Bioetica e Dibattito Pubblico:**

- Necessità di un dibattito etico inclusivo.

14. **Implicazioni Demografiche e Ambientali:**

- Considerazione delle conseguenze demografiche e ambientali.

Per approfondire ulteriormente questi argomenti, è possibile consultare risorse affidabili online come:

- **Humanity+** (www.humanityplus.org): Organizzazione internazionale che promuove la discussione e la ricerca sul transumanesimo.

- **Institute for Ethics and Emerging Technologies** (www.ieet.org): Think tank che esplora le implicazioni etiche delle tecnologie emergenti.

- **H+Pedia** (hpluspedia.org): Enciclopedia online dedicata al transumanesimo e ai temi correlati.

Questo libro ha offerto una panoramica completa del transumanesimo, ma è sempre utile cercare ulteriori informazioni e partecipare al dibattito in corso, per comprendere appieno le potenzialità e le sfide di questa visione del futuro dell'umanità.

20.   Scenari Futuri e Visioni

Il transumanesimo pone la tecnologia come strumento per migliorare la condizione umana e superare i limiti fisici e mentali. Gli scenari futuri e le visioni del transumanesimo sono vasti e diversificati, ma convergono su alcuni punti chiave:

1. **Estensione della Vita e Immortalità:**

Il transumanesimo mira a prolungare la vita umana, e alcune visioni prevedono perfino l'immortalità attraverso l'avanzamento delle biotecnologie, la nanotecnologia e l'intelligenza artificiale. La criogenia e l'upload della mente sono esempi di tecnologie potenzialmente in grado di raggiungere questi obiettivi.

2. **Miglioramento Cognitivo:**

Gli sviluppi nella neuroscienza e nella tecnologia potrebbero permettere l'ampliamento delle capacità cognitive umane, come la memoria, l'attenzione, e

l'intelligenza. Gli interfacce cervello-computer sono
una delle aree di ricerca in questo campo.

3. Potenziamento Fisico:

Il transumanesimo esplora anche le possibilità di
migliorare le capacità fisiche attraverso l'ingegneria
genetica, le protesi avanzate e la realtà aumentata.
Questo potrebbe portare a individui con forza,
resistenza e sensi sovrumani.

4. Intelligenza Artificiale e Fusioni Uomo-Macchina:

La collaborazione e l'integrazione tra esseri umani e
intelligenza artificiale potrebbero portare a una nuova
era di simbiosi uomo-macchina, con la nascita di entità
ibride e l'espansione delle capacità umane.

5. Colonizzazione dello Spazio:

Il transumanesimo vede la possibilità di espandere la
civiltà umana oltre la Terra, colonizzando altri pianeti e
adattando il corpo umano a nuovi ambienti attraverso
la biotecnologia e la cibernetica.

6. Economia e Società Post-Scarcità:

La visione transumanista prevede una società in cui la
tecnologia ha risolto i problemi di scarsità delle risorse,
creando un'economia basata sull'abbondanza e sulla
sostenibilità ambientale.

7. **Etica e Valori:**

Il transumanesimo richiede una riconsiderazione dei valori etici e morali, affrontando questioni come l'identità, la coscienza, e il significato della vita nell'era della tecnologia avanzata.

Riflessioni e Criticità:

Mentre il transumanesimo offre scenari futuri promettenti, è essenziale riflettere criticamente su questi sviluppi. Le questioni etiche, sociali e politiche sollevate da queste visioni necessitano di un dibattito approfondito e inclusivo, al fine di guidare lo sviluppo tecnologico in modo responsabile e equo.

Conclusione:

Gli scenari futuri e le visioni del transumanesimo aprono orizzonti sconfinati di possibilità e sfide. La società deve navigare tra le opportunità e i rischi, partecipando attivamente al dialogo su come plasmare un futuro in cui tecnologia e umanità coesistono e prosperano insieme.

Le visioni transumaniste riguardano anche l'intersezione tra l'uomo e la macchina, dove le frontiere tra biologico e artificiale diventano sempre più sfumate. Gli sviluppi nel campo della bionica stanno creando protesi sempre più avanzate che non solo replicano le funzioni degli arti umani, ma in alcuni casi le superano, offrendo nuove possibilità di interazione con il mondo circostante.

Un'altra area cruciale è quella dell'integrazione tra cervello e computer, che potrebbe permettere il controllo diretto di dispositivi e macchinari tramite il pensiero, o addirittura la comunicazione mentale tra individui. Queste tecnologie, attualmente in fase di sviluppo e sperimentazione, hanno il potenziale di rivoluzionare il modo in cui viviamo, lavoriamo e ci relazioniamo gli uni con gli altri.

Parallelamente, la ricerca nel campo della genetica e della biologia sintetica sta esplorando modi per modificare e migliorare il corpo umano a livello cellulare e molecolare. La possibilità di interventi genetici per eliminare malattie ereditarie, aumentare la longevità o potenziare determinate caratteristiche fisiche o cognitive apre scenari inediti e solleva interrogativi etici complessi.

Nel contesto della società, queste visioni transumaniste implicano anche una riflessione sul tipo di strutturazione sociale e economica in cui tali tecnologie si sviluppano e vengono implementate. L'accesso a queste tecnologie potrebbe essere diseguale, creando nuove divisioni tra chi può permettersi tali miglioramenti e chi no. Questo solleva importanti questioni di giustizia sociale, equità e diritti umani, che devono essere attentamente considerate man mano che queste tecnologie avanzano.

Nello scenario internazionale, queste tecnologie potrebbero anche avere implicazioni per la sicurezza e la geopolitica. Paesi e corporation potrebbero competere per il controllo delle risorse tecnologiche, e le applicazioni militari delle tecnologie di potenziamento umano potrebbero alterare gli equilibri di potere globali. Inoltre, la questione della regolamentazione di tali tecnologie a livello internazionale diventa cruciale, per evitare abusi e garantire un uso etico e responsabile.

Le implicazioni culturali del transumanesimo sono altrettanto profonde. La visione di un'umanità migliorata e potenziata sfida le nostre concezioni tradizionali di identità, individualità e umanità. Il concetto di "umano" potrebbe espandersi per includere una varietà di forme ibride e potenziate, e la diversità umana potrebbe assumere nuove dimensioni. Questo potrebbe portare a nuove forme di espressione culturale, arte e spiritualità, riflettendo la complessità e la molteplicità dell'esperienza umana in un'era transumana.

Infine, c'è la questione dell'impatto ambientale di queste tecnologie. Mentre alcune di esse potrebbero offrire soluzioni a problemi ambientali, come la produzione di cibo e l'energia sostenibile, altre potrebbero avere effetti negativi sull'ambiente, richiedendo un uso attento e responsabile delle risorse. La visione transumanista del futuro deve, quindi, essere armonizzata con l'obiettivo di sostenibilità e armonia ecologica.

Insomma, gli scenari futuri e le visioni del transumanesimo presentano un panorama vasto e complesso, ricco di possibilità e insidie. La navigazione di questi scenari richiederà saggezza, riflessione etica e un dialogo aperto e inclusivo su ciò che significa essere umani in un'era di rapido cambiamento tecnologico.

Nella conclusione di questo punto sugli scenari futuri e le visioni del transumanesimo, è essenziale sottolineare la vastità e la profondità delle trasformazioni che potrebbero avvenire. Gli sviluppi tecnologici in campi come la bionica, l'integrazione cervello-computer, la genetica e la biologia sintetica hanno il potenziale di ridefinire la natura umana e il nostro rapporto con il mondo che ci circonda.

Tuttavia, con le immense possibilità che queste tecnologie offrono, emergono anche sfide significative e questioni etiche. L'accesso diseguale alle tecnologie, le implicazioni per la giustizia sociale, i diritti umani e le potenziali divisioni tra chi può e non può permettersi tali miglioramenti saranno temi centrali nel dibattito transumanista. È fondamentale che vengano adottate politiche e regolamentazioni equitative per garantire che i benefici delle tecnologie emergenti siano distribuiti in modo giusto e che non si creino nuove disparità o forme di discriminazione.

Inoltre, la competizione globale per il controllo delle risorse tecnologiche e le possibili applicazioni militari delle tecnologie di potenziamento umano potrebbero avere ripercussioni significative sulla geopolitica e la sicurezza internazionale. È quindi cruciale un dialogo e una cooperazione a livello internazionale per gestire questi sviluppi e garantire un uso etico e responsabile delle tecnologie transumaniste.

Sul piano culturale, il transumanesimo potrebbe portare a un rinnovamento delle nostre concezioni di identità, individualità e umanità. La diversità umana potrebbe arricchirsi di nuove dimensioni e forme di espressione, dando vita a nuovi modi di percepire l'arte, la cultura e la spiritualità. Tuttavia, è anche importante considerare le implicazioni di questi cambiamenti sulla coesione sociale e sul senso di appartenenza e comunità.

L'aspetto ambientale è un altro elemento chiave nella visione transumanista del futuro. Mentre alcune tecnologie potrebbero offrire soluzioni innovative ai problemi ecologici, è fondamentale valutare attentamente l'impatto ambientale di ogni nuova tecnologia e promuovere pratiche sostenibili per salvaguardare il nostro pianeta per le future generazioni.

In sintesi, gli scenari futuri e le visioni del transumanesimo delineano un mondo in cui l'umanità potrebbe raggiungere nuovi livelli di esistenza, ma anche affrontare sfide senza precedenti. È indispensabile affrontare questi temi con un approccio equilibrato, etico e inclusivo, promuovendo il dialogo e la riflessione su cosa significhi veramente essere umani in un'era di cambiamenti esponenziali. Le decisioni che prenderemo oggi influenzeranno profondamente il nostro futuro e quello delle generazioni a venire, rendendo imperativo considerare con attenzione le implicazioni a lungo termine delle nostre scelte.

Integrazione e Intersezioni: 21. Sinergie tra Singolarità e Transumanesimo

La singolarità tecnologica e il transumanesimo sono due concetti intimamente collegati, poiché entrambi esplorano il potenziale di trasformazione e avanzamento della condizione umana attraverso la tecnologia. Tuttavia, mentre la singolarità si concentra sull'accelerazione esponenziale delle tecnologie e sull'eventuale emersione di un'intelligenza superiore, il transumanesimo esplora più ampiamente le possibilità di migliorare e estendere le capacità umane.

Le sinergie tra singolarità e transumanesimo possono essere osservate in diversi ambiti:

1. **Potenziamento Tecnologico:**

   - La realizzazione della singolarità potrebbe portare allo sviluppo di tecnologie avanzate che permetteranno il miglioramento fisico, cognitivo ed emotivo degli esseri umani, un obiettivo centrale del transumanesimo.

2. **Longevità e Immortalità:**

   - Le tecnologie sviluppate in vista della singolarità potrebbero offrire soluzioni per estendere significativamente la vita umana, o addirittura raggiungere l'immortalità, un concetto molto dibattuto nel transumanesimo.

3. **Intelligenza Artificiale:**

   - La singolarità si focalizza sull'evoluzione dell'IA fino al punto in cui supera l'intelligenza umana. Questo avanzamento nell'IA potrebbe offrire strumenti per il potenziamento cognitivo e la collaborazione uomo-macchina, temi cari al transumanesimo.

4. **Etica e Filosofia:**

   - Entrambe le correnti sollevano importanti questioni etiche e filosofiche riguardo al significato dell'essere umano, ai diritti, alla consapevolezza e alla moralità, e come queste possono essere trasformate o estese attraverso la tecnologia.

5. **Società ed Economia:**

   - La realizzazione della singolarità avrebbe impatti profondi sulla struttura della società, sul lavoro, sull'economia e sulla distribuzione delle risorse, temi che il transumanesimo esplora nel contesto dell'evoluzione umana.

6.

7. **Biotecnologia e Nanotecnologia:**

- Questi campi della scienza e della tecnologia sono fondamentali sia per la singolarità che per il transumanesimo, con applicazioni che vanno dal miglioramento delle capacità umane alla creazione di nuove forme di vita e materiali avanzati.

8. **Esplorazione Spaziale:**

- L'evoluzione tecnologica e umana potrebbe permettere l'esplorazione e la colonizzazione dello spazio, unendo gli sforzi per superare i limiti biologici e tecnologici dell'umanità.

L'intersezione tra singolarità e transumanesimo rappresenta un terreno fertile per la riflessione su come l'umanità può navigare attraverso i cambiamenti radicali del XXI secolo e oltre, equilibrando le opportunità offerte dalle nuove tecnologie con le sfide etiche, sociali e ambientali che ne derivano. Questa sinergia sottolinea la necessità di un dialogo aperto e multidisciplinare per costruire un futuro in cui tecnologia e umanità possano coesistere e prosperare insieme.

Le sinergie tra la singolarità tecnologica e il transumanesimo si manifestano anche attraverso la ricerca e lo sviluppo di tecnologie emergenti, con il potenziale di rivoluzionare non solo il modo in cui viviamo, ma anche ciò che significa essere umani.

Realizzazione Virtuale e Realtà Aumentata: Queste tecnologie sono al centro dell'intersezione tra singolarità e transumanesimo, fornendo modalità innovative per interagire con il mondo e ampliare la percezione della realtà. Esse offrono la possibilità di creare esperienze immerse e personalizzate, che possono essere utilizzate per l'apprendimento, la terapia, l'intrattenimento, e anche per esplorare nuovi stati di coscienza.

Interfaccia Cervello-Computer: L'interazione diretta tra il cervello umano e i sistemi informatici è una frontiera cruciale. Potrebbe permettere la comunicazione tra menti, l'ampliamento della memoria e delle capacità cognitive, nonché la creazione di nuovi modi di interagire con le macchine, realizzando così molti degli obiettivi del transumanesimo e portando più vicina la possibilità di una singolarità tecnologica.

Medicina Personalizzata e Genomica: La medicina personalizzata e la genomica hanno il potenziale di trasformare la sanità, offrendo terapie su misura basate sul profilo genetico di ogni individuo.

Questo porta a trattamenti più efficaci e meno effetti collaterali, oltre a offrire la possibilità di modificare geneticamente gli esseri umani per prevenire malattie e migliorare caratteristiche fisiche e cognitive.

Energia e Sostenibilità Ambientale: Le tecnologie avanzate possono anche aiutare a risolvere problemi globali come il cambiamento climatico e la scarsità di risorse. Dallo sviluppo di fonti energetiche pulite e rinnovabili, alla creazione di materiali sostenibili e al riciclaggio avanzato, queste innovazioni sono essenziali per la costruzione di un futuro sostenibile e armonioso.

Democratizzazione della Conoscenza e dell'Educazione: La rapida diffusione delle informazioni e l'accesso alle conoscenze possono ampliare l'educazione e l'apprendimento in tutto il mondo. Questo ha il potere di ridurre le disuguaglianze, promuovere la comprensione tra diverse culture e creare nuove opportunità per l'innovazione e la collaborazione.

Sviluppo della Conoscenza sul Cervello e sulla Mente: La comprensione della mente e del cervello è fondamentale per entrambi i concetti. Questa conoscenza può portare a nuove terapie per le malattie mentali, tecniche di potenziamento cognitivo, e persino alla possibilità di emulare la coscienza su supporti artificiali.

Riflessione sul Senso dell'Umanità e sul Futuro: Infine, la sinergia tra singolarità e transumanesimo stimola una profonda riflessione filosofica ed etica sul significato dell'esistenza umana, sul nostro posto nell'universo, e su come possiamo plasmare il nostro destino. Questo invita a un costante dialogo tra scienza, filosofia, arte, religione e cultura, per esplorare insieme le possibilità infinite del futuro.

Tutte queste dimensioni illustrano come la congiunzione di singolarità e transumanesimo possa portare a un'esplorazione multidimensionale delle potenzialità umane, delle sfide etiche e sociali, e delle opportunità per la co-creazione di un futuro prospero e inclusivo.

Networking e Comunità Virtuali: L'espansione delle reti sociali e delle comunità virtuali rappresenta un terreno fertile per la collaborazione e l'innovazione. Questo fenomeno sta alterando il modo in cui le persone comunicano, lavorano e si relazionano, rompendo le barriere geografiche e culturali, favorendo il flusso libero di idee e informazioni e accelerando il progresso scientifico e tecnologico.

Intelligenza Collettiva e Wisdom of Crowds: La capacità di aggregare le competenze e le conoscenze di gruppi numerosi e diversificati di individui sta creando sistemi di intelligenza collettiva. Questo concetto è fondamentale per risolvere problemi complessi, prendere decisioni più informate e ragionate, e potrebbe essere essenziale per navigare le sfide etiche e sociali associate all'avanzare della tecnologia.

Biorobotica e Protesi Avanzate: Lo sviluppo di protesi sempre più avanzate e l'integrazione di elementi biorobotici nel corpo umano stanno sfumando i confini tra uomo e macchina. Questo permette di restaurare o potenziare le funzioni corporee, offrendo nuove possibilità per l'indipendenza e la qualità della vita, specialmente per individui con disabilità o traumi.

Crispr e Ingegneria Genetica: L'evoluzione delle tecniche di ingegneria genetica, come CRISPR, sta rivoluzionando le possibilità di modifica del DNA. Questo potrebbe portare a terapie geniche rivoluzionarie, all'estinzione di alcune malattie ereditarie e, eventualmente, alla creazione di organismi geneticamente modificati, inclusi esseri umani.

Data Science e Analisi dei Big Data: L'analisi di enormi quantità di dati è essenziale per comprendere tendenze, comportamenti e fenomeni complessi. L'utilizzo di tecniche avanzate di data science e machine learning può rivelare pattern nascosti, guidare decisioni strategiche, e contribuire allo sviluppo di nuove tecnologie e alla comprensione delle dinamiche umane.

Nano-Scale Manufacturing e Materiali Innovativi: La produzione a livello nanometrico sta aprendo la strada a materiali con proprietà uniche e applicazioni rivoluzionarie. Dai nanotubi di carbonio ai materiali metamateriali, queste innovazioni stanno cambiando la scienza dei materiali, l'ingegneria, la medicina e molti altri settori.

Exploration of Consciousness and Mind Uploading: L'esplorazione della coscienza e la possibilità di caricare la mente su piattaforme digitali sono tra i temi più affascinanti e dibattuti. Queste idee sollevano questioni fondamentali sulla natura della coscienza, sull'identità personale, e sulle implicazioni etiche di tali tecnologie.

Dibattito Pubblico e Policy Making: Il dialogo tra diversi stakeholder, inclusi ricercatori, decisori politici, imprese e cittadini, è vitale per indirizzare lo sviluppo e l'implementazione delle tecnologie emergenti. L'elaborazione di normative, linee guida etiche e standard di sicurezza è cruciale per garantire che tali tecnologie siano sviluppate e utilizzate in modo responsabile e benefico per la società.

Post-Humanism and Philosophy of the Future: La riflessione sulla natura post-umana e la filosofia del futuro sono essenziali per comprendere come la tecnologia possa alterare la nostra concezione dell'umanità. Questi dibattiti filosofici aiutano a esplorare scenari futuri, a ponderare i valori e gli obiettivi della società, e a immaginare come l'umanità possa evolversi.

L'esplorazione continua di queste tematiche, unita al dialogo interdisciplinare e alla ricerca innovativa, contribuirà a delineare i percorsi futuri dell'umanità nell'era della singolarità tecnologica e del transumanesimo.

Concludendo, le sinergie tra Singolarità e Transumanesimo sono ricche e multiformi, toccando svariati ambiti della scienza, della tecnologia e della società. Queste intersezioni rappresentano una frontiera cruciale di esplorazione e di sperimentazione, dove l'innovazione tecnologica incontra e modella l'evoluzione umana.

Nel campo della **Biorobotica e delle Protesi Avanzate**, ad esempio, ci troviamo di fronte a una trasformazione radicale delle possibilità umane. Questa intersezione permette la creazione di sinergie tra il corpo biologico e componenti robotici, aprendo nuove frontiere per l'assistenza sanitaria, il potenziamento umano e la neuroscienza. La possibilità di integrare tecnologia e biologia sta dando vita a soluzioni innovative per affrontare disabilità e potenziare le capacità umane, sfidando le nostre concezioni tradizionali di umanità e identità.

L'avanzamento delle tecniche di **Ingegneria Genetica** e l'emergere di tecnologie come CRISPR hanno il potenziale di riscrivere il codice della vita. Queste tecnologie offrono opportunità senza precedenti per la cura delle malattie genetiche, la modifica delle caratteristiche ereditarie e persino la creazione di nuove forme di vita. Queste possibilità sollevano questioni etiche significative e richiedono un dibattito approfondito sulla responsabilità, l'equità e i limiti dell'intervento umano sulla biologia.

L'evoluzione della **Data Science e dell'Analisi dei Big Data** sta trasformando il modo in cui percepiamo e interpretiamo il mondo. L'abilità di processare e analizzare enormi volumi di dati permette di scoprire nuove conoscenze, identificare tendenze e previsioni, e sviluppare soluzioni su misura per problemi complessi. Questa rivoluzione nella gestione dei dati ha implicazioni vastissime, influenzando la ricerca scientifica, le politiche pubbliche, l'industria e la vita quotidiana.

Nel dominio della **Filosofia e dell'Esplorazione della Coscienza**, le idee di mente caricabile (mind uploading) e di coscienza digitale stanno sfidando le nostre comprensioni tradizionali dell'essere. Il dibattito su cosa significhi essere umani in un'era di tecnologia avanzata richiede una riflessione profonda e l'elaborazione di nuove teorie e modelli filosofici che

possano guidare l'umanità attraverso questi
cambiamenti senza precedenti.

Infine, il **Dibattito Pubblico e il Policy Making**
giocano un ruolo centrale nell'indirizzare e plasmare lo
sviluppo di queste tecnologie emergenti. La creazione
di un dialogo inclusivo e costruttivo tra scienziati,
politici, imprenditori e cittadini è essenziale per
garantire che i benefici delle tecnologie siano
equamente distribuiti e che i rischi siano attentamente
gestiti. La costruzione di una governance efficace e
responsabile è fondamentale per navigare i territori
inesplorati della Singolarità e del Transumanesimo.

In conclusione, l'intreccio di questi campi di studio e di
ricerca apre scenari affascinanti e sfidanti. La continua
esplorazione delle sinergie tra Singolarità e
Transumanesimo è cruciale per comprendere e guidare
la trasformazione della società e dell'individuo nell'era
della tecnologia avanzata. La riflessione, il dibattito e la
ricerca interdisciplinare saranno fondamentali per
affrontare le sfide e cogliere le opportunità che
emergono da questo confluire di visioni e innovazioni.

22. Conflitti e Divergenze Filosofiche

Il punto 22, "Conflitti e Divergenze Filosofiche", si adentra nelle molteplici visioni, divergenze d'opinione e conflitti ideologici che possono sorgere quando si analizzano la Singolarità Tecnologica e il Transumanesimo. Entrambe queste teorie, pur condividendo un interesse comune verso il progresso tecnologico e le sue implicazioni, possono essere interpretate in modi diversi, e le loro ramificazioni possono dare vita a visioni del mondo profondamente differenti.

1. **Umanesimo vs Post-Umanesimo**: Il primo grande conflitto filosofico riguarda il concetto stesso di umanità. Da un lato, il Transumanesimo è visto come un'estensione dell'umanesimo, con l'obiettivo di superare le limitazioni umane attraverso la scienza e la tecnologia. Dall'altro lato, il post-umanesimo rigetta l'idea di un'essenza umana fissa, proponendo invece una visione dell'essere umano come entità in continua evoluzione e trasformazione. Questa divergenza può portare a differenti approcci etici, politici e sociali riguardo l'intervento tecnologico sull'essere umano.

2. **Individualismo vs Collettivismo**: Un altro punto di divergenza è la tensione tra le visioni individualiste e collettiviste della società e del progresso. Mentre alcuni vedono il Transumanesimo e la Singolarità come mezzi per il potenziamento individuale e la realizzazione personale, altri sottolineano la necessità di un approccio collettivo e solidale, che consideri le implicazioni sociali, le disuguaglianze e i bisogni della collettività.

3. **Determinismo Tecnologico vs Costruttivismo Sociale**: Il dibattito tra determinismo tecnologico e costruttivismo sociale è un altro elemento chiave. Il determinismo tecnologico sostiene che il progresso tecnologico segue un percorso inevitabile e autonomo, e che la società si adatta a queste trasformazioni. In contrapposizione, il costruttivismo sociale argomenta che la tecnologia è profondamente influenzata dai contesti sociali, culturali e politici in cui si sviluppa, e che gli individui e le società hanno il potere di plasmare il progresso tecnologico secondo valori e obiettivi condivisi.

4. **Approcci Etici**: Infine, le questioni etiche sono centrali in ogni discussione sulla Singolarità e il Transumanesimo. Differenze nelle visioni del mondo, nelle credenze religiose e nei sistemi di

valori possono portare a divergenze significative su temi come la modificazione genetica, l'intelligenza artificiale, la coscienza, l'identità e la moralità. Il dialogo e la riflessione etica sono quindi essenziali per navigare in questo complesso panorama filosofico.

Concludendo, le divergenze filosofiche e i conflitti tra diverse scuole di pensiero sono parte integrante dell'evoluzione del Transumanesimo e della Singolarità Tecnologica. L'analisi critica, il dialogo aperto e la riflessione interdisciplinare sono strumenti fondamentali per comprendere e indirizzare queste divergenze, e per costruire un futuro in cui la tecnologia sia al servizio dell'umanità, rispettando la diversità di opinioni e di valori.

Per comprendere meglio le sfaccettature dei conflitti e delle divergenze filosofiche tra la Singolarità Tecnologica e il Transumanesimo, è essenziale esaminare ulteriori dimensioni di questo complesso dibattito.

5. **Ottimismo vs Pessimismo Tecnologico**: Ci sono chiare differenze tra chi vede il futuro tecnologico con ottimismo e chi, invece, lo guarda con più scetticismo o pessimismo. Gli ottimisti tendono a enfatizzare i benefici potenziali, come l'eliminazione delle malattie, la longevità estesa e l'ampliamento delle capacità

umane. I pessimisti sottolineano i rischi, come la disuguaglianza, la perdita di privacy e la possibilità di abusi.

6. **Valori Umani Fondamentali**: La questione di quali valori umani fondamentali dovrebbero essere preservati è un altro nodo cruciale. Mentre la Singolarità può portare a nuove forme di esistenza e coscienza, è indispensabile riflettere su quali aspetti dell'esperienza umana sono essenziali e inalienabili, e come possono essere tutelati in un contesto di rapido cambiamento.

7. **Accesso e Giustizia Distributiva**: L'accesso alle tecnologie avanzate e i loro benefici porta con sé profonde implicazioni etiche. Il dibattito su chi avrà accesso a queste tecnologie e come saranno distribuite è fondamentale, poiché determinerà se il futuro sarà caratterizzato da un'ulteriore stratificazione sociale o da un'equità maggiormente realizzata.

8. **Governance e Regolamentazione**: Le questioni di governance e regolamentazione sono centrali. La creazione di strutture di governance efficaci, che bilancino innovazione e sicurezza, è fondamentale per gestire i rischi e garantire che le tecnologie emergenti siano sviluppate e implementate in modo responsabile e etico.

9. **Implicazioni Socioculturali**: La Singolarità e il Transumanesimo avranno vasti effetti sul tessuto socioculturale. I cambiamenti nelle relazioni umane, nell'arte, nella cultura e nelle espressioni di identità saranno inevitabili. Comprendere e navigare queste trasformazioni richiederà un approfondito dialogo interculturale e interdisciplinare.

10. **Riflessione Epistemologica**: Infine, la natura stessa della conoscenza e dell'apprendimento è messa in discussione. Il modo in cui gli esseri umani conoscono, comprendono e interpretano il mondo sarà trasformato, e la riflessione epistemologica sarà necessaria per adattarsi a nuove forme di sapere e apprendimento.

Esplorando queste dimensioni, si apre un vasto panorama di riflessione e discussione, che necessita di un costante approfondimento e di un dialogo aperto tra diverse discipline e visioni del mondo, per costruire un futuro equo, inclusivo e rispettoso della dignità umana.

La complessità dei conflitti e delle divergenze filosofiche tra la Singolarità Tecnologica e il Transumanesimo va ben oltre una semplice contrapposizione di idee. Questi dibattiti sottolineano profonde differenze nella visione del mondo, nelle aspettative riguardo al futuro della tecnologia e nella percezione dei valori umani fondamentali.

1. **Analisi Critica**: Un'analisi critica delle divergenze tra questi due movimenti deve considerare i diversi livelli di ottimismo e pessimismo tecnologico. È necessario valutare in che modo questi atteggiamenti influenzano la percezione dei rischi e dei benefici, nonché le aspettative sulla regolamentazione e sull'accessibilità delle tecnologie.

2. **Dialogo Interdisciplinare**: Promuovere un dialogo interdisciplinare ed interculturale è fondamentale per affrontare le implicazioni socioculturali di queste visioni. Questo dialogo dovrebbe coinvolgere filosofi, scienziati, artisti e rappresentanti di diverse comunità per esplorare come la Singolarità e il Transumanesimo possono influenzare l'identità, la cultura e le relazioni umane.

3. **Equità e Giustizia Sociale**: Una riflessione approfondita sulla giustizia distributiva e l'equità è indispensabile. È vitale considerare chi avrà accesso ai benefici delle tecnologie emergenti e come si possono minimizzare le disuguaglianze. Questo richiede un'attenzione costante alle dinamiche di potere e alle disparità socio-economiche, culturali e geografiche.

4. **Normative e Governance**: Il dibattito su governance e regolamentazione è cruciale. Determinare quali strutture di governance sono più adatte per bilanciare innovazione e sicurezza è un passo necessario per assicurare che le tecnologie siano sviluppate ed implementate responsabilmente.

5. **Riflessione Filosofica ed Etica**: Approfondire le questioni filosofiche ed etiche, comprese le riflessioni epistemologiche, è essenziale. Questo permetterà di esplorare quali valori umani fondamentali dovrebbero essere preservati e come questi valori possono essere tutelati in un contesto di rapido cambiamento tecnologico.

6. **Visione Olistica**: Infine, è necessario adottare una visione olistica che integri diverse prospettive e che consideri le intersezioni tra la Singolarità Tecnologica e il Transumanesimo. Solo attraverso un approccio integrato si potranno comprendere appieno le implicazioni di questi movimenti e guidare lo sviluppo tecnologico in modo etico e sostenibile.

Concludendo, affrontare i conflitti e le divergenze filosofiche tra la Singolarità Tecnologica e il Transumanesimo è un compito multidimensionale e sfaccettato. Richiede un impegno collettivo per

promuovere il dialogo, riflettere criticamente sui valori
e costruire strutture di governance efficaci, il tutto con
lo scopo di plasmare un futuro che sia rispettoso della
dignità umana e che promuova l'equità e la giustizia
sociale.

23. Impatto sull'Individuo e sull'Identità Umana

Il convergere di idee e tecnologie tra Singolarità
Tecnologica e Transumanesimo porta con sé
significative riflessioni sull'impatto che questi
movimenti potrebbero avere sull'individuo e
sull'identità umana.

1. **Ridefinizione dell'Umano:** L'avvento di
   tecnologie avanzate e l'integrazione uomo-
   macchina possono portare a una radicale
   ridefinizione di ciò che significa essere umani.
   Questa trasformazione può influenzare la
   percezione del sé, il corpo, la mente e la
   consapevolezza, portando a nuove forme di
   esistenza e di esperienza umana.

2. **Autonomia e Libertà:** L'accesso a tecnologie
   potenzianti può offrire agli individui maggiore
   autonomia e libertà nella personalizzazione delle
   proprie capacità fisiche e cognitive. Tuttavia,

emergono domande etiche sulla portata di queste modifiche e sul bilanciamento tra la libertà individuale e i limiti etici, sociali e biologici.

3. **Inclusività e Disuguaglianze:** La possibilità di potenziare le capacità umane può anche accentuare le disuguaglianze esistenti. È essenziale indagare su come assicurare un accesso equo e inclusivo alle tecnologie emergenti, affrontando le disparità socio-economiche e garantendo che i benefici siano distribuiti in modo equo.

4. **Identità Culturale e Diversità:** Le tecnologie potenzianti e i principi transumanisti potrebbero influenzare la diversità culturale e la percezione delle identità. È fondamentale esplorare come questi cambiamenti interagiscano con le diverse culture e tradizioni, e come possano influenzare il dialogo interculturale e la comprensione reciproca.

5. **Relazioni Interpersonali e Sociali:** L'evoluzione tecnologica e le possibilità di potenziamento influenzano anche le relazioni sociali. La connettività potenziata, la realtà virtuale e altre tecnologie possono creare nuove forme di interazione e di comunità, alterando il modo in cui gli individui comunicano, collaborano e costruiscono legami affettivi.

6. **Etica e Valori:** La riflessione sull'impatto di questi movimenti sull'individuo porta a interrogativi etici fondamentali. È necessario considerare quali valori sono essenziali per la dignità umana e come questi possono essere tutelati in un'era di rapida innovazione e cambiamento.

7. **Benessere Psicologico e Fisico:** L'interazione tra l'individuo e le nuove tecnologie implica anche una riflessione sul benessere. Come influenzeranno queste tecnologie la salute mentale e fisica? Quali saranno gli effetti a lungo termine del potenziamento cognitivo e fisico sull'individuo?

Concludendo, l'impatto della Singolarità Tecnologica e del Transumanesimo sull'individuo e sull'identità umana è multiforme e profondo. È imperativo affrontare queste questioni con un approccio etico e riflessivo, promuovendo il dialogo e la ricerca interdisciplinare, e considerando le implicazioni a lungo termine di queste trasformazioni. Questo impegno collettivo sarà fondamentale per navigare in modo responsabile attraverso gli scenari futuri, assicurando il rispetto della dignità e dei diritti umani.

L'implicazione dell'integrazione uomo-tecnologia sul concetto di identità umana è complessa e sfaccettata, generando domande esistenziali senza precedenti.

L'intrinseca natura dinamica dell'identità umana potrebbe subire metamorfosi significative, sollevando interrogativi su cosa significhi effettivamente essere umani in un'era di fusione tra biologico e digitale.

1. **Intelligenza Collettiva:** L'avvento di reti neurali e intelligenza collettiva potrebbe portare a nuove forme di coscienza e intelligenza, influenzando la maniera in cui percepiamo noi stessi e gli altri. Questo solleva interrogativi riguardo l'autonomia individuale e la sovranità del pensiero in un mondo sempre più interconnesso.

2. **Espansione della Coscienza:** La tecnologia potrebbe permettere l'espansione delle capacità cognitive e della coscienza umana. Questo potrebbe includere la possibilità di interfacciarsi direttamente con dispositivi e altri esseri umani, alterando il modo in cui esperiamo la realtà e concepiamo il sé.

3. **Nuove Forme di Vita:** La biotecnologia e la genetica aprono le porte alla creazione di nuove forme di vita e all'alterazione delle specie esistenti. Questo potrebbe sfocare i confini tra naturale e artificiale, e tra umano e non umano, creando nuovi paradigmi di esistenza.

4. **Identità Digitale e Privacy:** L'aumento dell'uso di identità digitali e la raccolta di dati personali generano preoccupazioni riguardo la privacy e l'integrità dell'individuo. La sicurezza e la gestione dei dati personali diventano cruciali in un'era di sorveglianza digitale e di profilazione.

5. **Ricerca di Significato:** La continua evoluzione tecnologica influenzerà la ricerca individuale di significato e appartenenza. L'integrazione tra uomo e macchina potrebbe alterare il senso di scopo e le credenze esistenziali, sollevando nuove questioni filosofiche e spirituali.

6. **Modifiche Genetiche e Ereditarietà:** Le modifiche genetiche e le terapie geniche presentano sfide etiche riguardo l'ereditarietà e la diversità genetica. Questo porta a dibattiti sulla manipolazione del genoma umano e sulle implicazioni intergenerazionali di tali interventi.

7. **Esplorazione e Colonizzazione Spaziale:** L'avanzamento delle tecnologie spaziali e la prospettiva della colonizzazione di altri pianeti influenzeranno la percezione dell'identità umana e il nostro posto nell'universo. Questo potrebbe portare a una ridefinizione del concetto di "terra natale" e di appartenenza.

8. **Norme Sociali e Valori:** Le trasformazioni tecnologiche e biologiche porteranno a una rinegoziazione delle norme sociali e dei valori. La società dovrà adattarsi e riflettere su cosa è accettabile e su quali diritti e doveri emergono in questo nuovo contesto.

La riflessione su questi aspetti è essenziale per comprendere le trasformazioni in corso e le sfide future. La complessità di tali questioni richiede un dialogo aperto e inclusivo, coinvolgendo diverse discipline e prospettive, per navigare con saggezza in un territorio inesplorato e assicurare un futuro sostenibile ed etico.

9. **Auto-Perfezionamento e Longevità:** L'aspirazione all'auto-perfezionamento e l'incremento della longevità attraverso interventi tecnologici e biologici stanno diventando temi sempre più centrali. Le persone stanno cercando modi per migliorare le loro capacità cognitive, fisiche ed emotive, e ciò potrebbe cambiare la percezione dell'auto-miglioramento e dell'evoluzione personale. Questa continua ricerca potrebbe anche influenzare il concetto di età e la struttura delle fasi della vita, portando a nuovi paradigmi di sviluppo individuale e collettivo.

10. **Realità Virtuale e Aumentata:**
L'immersività delle tecnologie di realtà virtuale e
aumentata offre nuove dimensioni di esperienza
e interazione, influenzando il modo in cui
percepiamo il nostro corpo e il nostro io. Questi
strumenti possono modificare la nostra
percezione della realtà, dell'ambiente e delle
relazioni, offrendo nuove opportunità di
esplorazione del sé e del mondo, ma anche
presentando sfide in termini di distinzione tra il
reale e il virtuale.

11. **Neurotecnologie e Conoscenza di Sé:**
L'avanzamento delle neurotecnologie permette
un accesso sempre più profondo ai meccanismi
del cervello umano, offrendo nuove prospettive
sulla mente e sulla coscienza. Ciò porta a una
maggiore comprensione di noi stessi e delle
nostre potenzialità, ma solleva anche questioni
etiche e filosofiche riguardanti la natura della
coscienza e dell'esperienza umana.

12. **Personalizzazione della Tecnologia:** La
crescente personalizzazione delle tecnologie e la
loro integrazione nelle nostre vite quotidiani
cambiano il modo in cui interagiamo con il
mondo e con noi stessi. La personalizzazione può
migliorare la qualità della vita, ma anche creare
dipendenza e influenzare il modo in cui

costruiamo e manteniamo le relazioni, l'identità e la percezione di noi stessi.

13. **Cambiamenti Socioculturali e Globalizzazione:** I rapidi cambiamenti socioculturali, uniti alla globalizzazione e alla connettività digitale, influenzano l'identità individuale e collettiva. La condivisione di idee e valori a livello globale porta a una maggiore omogeneizzazione culturale, ma anche a nuove forme di espressione dell'identità e di appartenenza.

14. **Bioetica e Diritto:** La convergenza tra biotecnologie e informatica solleva questioni bioetiche riguardanti il diritto alla privacy, all'integrità e alla dignità. Le normative e le leggi dovranno evolversi per rispondere a queste nuove sfide e bilanciare i diritti individuali con gli interessi collettivi.

La riflessione su questi nuovi scenari è vitale per navigare in un mondo in rapido cambiamento e per costruire un futuro in cui la tecnologia e l'umanità coesistono in armonia. L'esplorazione delle intersezioni tra identità, tecnologia e società è un viaggio affascinante che continua a svelare nuovi orizzonti e possibilità, ma richiede anche una profonda consapevolezza e responsabilità etica.

L'impatto delle tecnologie emergenti e dell'evoluzione della società sull'individuo e sull'identità umana è profondo e multiforme. Gli sviluppi nelle neurotecnologie, nella realtà virtuale e aumentata, nel campo della biotecnologia e in molti altri settori stanno ridisegnando i confini tra l'umano e il tecnologico, tra il reale e il virtuale, e tra il naturale e l'artificiale.

Questo cambia profondamente non solo come percepiamo noi stessi e gli altri, ma anche come definiamo cosa significa essere umani. La sfida fondamentale che emerge è quella di navigare tra le potenzialità quasi illimitate offerte da queste tecnologie e il rispetto dei valori umani fondamentali, come la dignità, l'integrità, la libertà e la giustizia.

La confluencia di tecnologie avanzate solleva interrogativi critici riguardo la privacy, l'etica, e i diritti dell'individuo. Come società, ci troviamo di fronte a decisioni cruciali su come bilanciare i benefici di queste tecnologie con la tutela dei diritti umani e delle libertà civili. L'adozione di quadri normativi efficaci e l'istituzione di comitati etici sono essenziali per garantire che queste tecnologie siano utilizzate in modo etico e responsabile.

Inoltre, l'evoluzione dell'identità umana in risposta a questi sviluppi tecnologici ha profonde implicazioni per il tessuto sociale e culturale. L'integrazione della tecnologia nella nostra vita quotidiana può portare a nuove forme di espressione dell'identità e appartenenza, ma può anche creare tensioni e disuguaglianze, sfidando le norme sociali esistenti e creando nuovi paradigmi di inclusione ed esclusione.

La riflessione su questi temi è fondamentale per comprendere il nostro posto in un mondo in continua evoluzione e per assicurare che le scelte che facciamo oggi contribuiscano a costruire un futuro sostenibile e inclusivo. La società, gli individui, gli scienziati, i legislatori e ogni stakeholder hanno la responsabilità di collaborare e dialogare per esplorare le intersezioni tra l'identità umana e le tecnologie emergenti, e per guidare l'evoluzione della nostra specie in modo consapevole ed etico.

In sintesi, l'impattante convergenza tra individuo e tecnologia richiede un approccio bilanciato, consapevole ed etico, volto a esplorare e navigare in modo responsabile le sfide e le opportunità che emergono da questa frontiera in continua espansione dell'esperienza umana.

24. Tecnologia come Evoluzione Naturale

La concezione della tecnologia come evoluzione naturale dell'umanità è un tema cruciale nel dibattito contemporaneo. Questa visione suggerisce che la tecnologia non è un elemento esterno o addizionale alla natura umana, ma piuttosto una continuazione del nostro percorso evolutivo. Dal momento che i primi ominidi hanno utilizzato strumenti di pietra per cacciare e costruire, la tecnologia è stata una componente inscindibile dell'essere umano.

Il ritmo sempre più accelerato del progresso tecnologico solleva questioni fondamentali sulla natura dell'evoluzione umana. La biologia e la tecnologia si stanno integrando in modi sempre più stretti, dando origine a innovazioni come gli impianti bionici, la terapia genica e la neurotecnologia. Queste tecnologie non solo compensano le limitazioni umane ma ampliano anche le nostre capacità oltre i limiti biologici.

Alcuni filosofi e teorici sostengono che la tecnologia rappresenta un'estensione del processo naturale di evoluzione, un concetto noto come "evoluzione tecnologica". In questo paradigma, l'umanità utilizza la tecnologia per superare le limitazioni imposte dalla selezione naturale, dirigendo attivamente il proprio sviluppo futuro. Questo potrebbe portare a una nuova era dell'evoluzione, caratterizzata non solo da cambiamenti biologici, ma anche da sviluppi tecnologici e sociali.

Un esempio di questa simbiosi è la crescente interazione tra intelligenza artificiale e biologia umana. Gli algoritmi di apprendimento automatico possono analizzare enormi quantità di dati biologici, accelerando la ricerca e la scoperta in campi come la genetica e la medicina personalizzata. Questo, a sua volta, potrebbe portare a terapie più efficaci e personalizzate, prolungando la vita umana e migliorando la qualità della vita.

Tuttavia, la visione della tecnologia come evoluzione naturale solleva anche preoccupazioni etiche e filosofiche. Ci sono domande legittime sull'impatto delle tecnologie avanzate sull'identità umana, sulla società e sull'ambiente. Il rischio di disuguaglianze, l'accesso iniquo alle tecnologie e le implicazioni per la privacy e l'autonomia individuale sono tutti problemi che richiedono un'attenta considerazione.

Inoltre, la possibilità di modificare geneticamente gli esseri umani solleva interrogativi fondamentali sull'essenza dell'umanità e sulla definizione di "naturale". C'è il pericolo che, nel cercare di migliorare la specie umana, si possano compromettere valori fondamentali come la diversità, l'equità e il rispetto per l'individualità.

Infine, è essenziale che la società mantenga un dialogo aperto e costruttivo su questi temi, coinvolgendo una vasta gamma di stakeholder, tra cui scienziati, etici, legislatori e il pubblico in generale, per garantire che la tecnologia sia sviluppata e implementata in modo etico e sostenibile. In questo modo, possiamo garantire che la tecnologia continui a servire l'umanità, guidando la nostra evoluzione in modi che rispettino la dignità e il valore intrinseco di ogni individuo.

Questo tema della tecnologia come evoluzione naturale dell'essere umano porta a riflessioni profonde sul nostro rapporto con il mondo che ci circonda e con noi stessi. La natura stessa dell'umanità è in continua evoluzione, e la tecnologia rappresenta un mezzo attraverso il quale possiamo esplorare e definire questa evoluzione.

L'idea che la tecnologia possa essere vista come un'estensione della nostra evoluzione biologica si manifesta in diverse forme. Ad esempio, l'ingegneria genetica e la CRISPR hanno il potenziale di eliminare malattie ereditarie e aumentare la longevità, portando a dibattiti sul miglioramento umano e sul concetto di "umanità migliorata" o "post-umana".

D'altro canto, l'interazione uomo-macchina, attraverso l'uso di esoscheletri, interfacce cervello-computer e realtà aumentata, sta sfumando i confini tra l'organico e l'inorganico, ponendo domande su cosa significhi veramente essere umani. Queste tecnologie potrebbero permettere alle persone di vivere esperienze altrimenti impossibili e potrebbero cambiare radicalmente il modo in cui percepiamo e interagiamo con il mondo.

Allo stesso tempo, la realtà virtuale e la realtà aumentata stanno creando nuovi spazi di esistenza, che offrono esperienze inimmaginabili e modi di espressione senza precedenti. Questi nuovi mondi virtuali permettono alle persone di esplorare identità diverse, di vivere in scenari inimmaginabili e di interagire con gli altri in modi nuovi e rivoluzionari.

Inoltre, l'Intelligenza Artificiale sta cambiando il modo in cui pensiamo all'intelligenza e alla coscienza. La possibilità di creare macchine che pensano, apprendono e persino sentono, sfida le nostre concezioni di vita e coscienza, e solleva questioni filosofiche e etiche sul valore della vita artificiale e sui diritti delle macchine.

Nel contesto di queste trasformazioni, emerge la questione della responsabilità. Come possiamo gestire e guidare in modo responsabile questa continua evoluzione? Qual è il nostro ruolo in quanto esseri umani in un mondo in cui la distinzione tra naturale e artificiale diventa sempre più sfumata? Queste sono domande fondamentali che la società deve affrontare, per garantire che il progresso tecnologico proceda in armonia con i valori umani e il rispetto per la vita.

È anche vitale considerare l'accesso equo a queste tecnologie avanzate. Il divario tra chi può e chi non può permettersi o accedere a queste tecnologie potrebbe ampliare ulteriormente le disuguaglianze esistenti, creando una società divisa tra "umani potenziati" e "umani non potenziati". La questione della giustizia tecnologica è quindi fondamentale e richiede soluzioni inclusive e sostenibili.

In conclusione, l'integrazione della tecnologia nella nostra evoluzione naturale è un fenomeno complesso e multiforme che solleva interrogativi fondamentali sulla natura dell'essere umano e sul futuro della nostra specie. Esplorare e affrontare queste questioni è essenziale per costruire un futuro in cui la tecnologia e l'umanità coesistano in modo armonioso e benefico.

La concezione della tecnologia come parte dell'evoluzione naturale dell'umanità segna un punto di svolta nel nostro pensiero sull'esistenza e sul progresso. Le linee di demarcazione tra biologico e sintetico, naturale e artificiale, stanno diventando sempre più permeabili, costringendoci a riconsiderare non solo come ci relazioniamo con la tecnologia, ma anche come questa influenza la nostra identità e il nostro posto nel mondo.

La riflessione su questi temi si estende inoltre all'impatto ecologico e sociale delle nuove tecnologie. È essenziale un approccio etico e sostenibile allo sviluppo tecnologico, che tenga conto delle implicazioni a lungo termine per l'ambiente e per le generazioni future. La questione del miglioramento umano e dell'estensione delle capacità fisiche e cognitive attraverso la tecnologia solleva interrogativi profondi sulla giustizia, sull'uguaglianza e sui diritti umani, necessitando di un dibattito pubblico aperto e inclusivo.

Una parte integrante di questa discussione è il dialogo tra diverse discipline e correnti di pensiero. La collaborazione tra scienziati, filosofi, artisti, etici e policy maker è fondamentale per costruire un quadro normativo e concettuale che guidi il progresso tecnologico in modo responsabile e consapevole. L'educazione e la sensibilizzazione della società giocano un ruolo chiave nell'empowerment degli individui di fronte alle sfide e alle opportunità della rivoluzione tecnologica.

Inoltre, lo studio delle culture e delle società non occidentali e l'esplorazione di visioni del mondo diverse possono arricchire il nostro comprendere della tecnologia come evoluzione naturale, offrendo nuove prospettive e soluzioni. La diversità e l'inclusione sono valori fondamentali che contribuiscono a un progresso equo e sostenibile.

Infine, è essenziale guardare oltre i confini del presente e immaginare futuri possibili. La speculative fiction, la fantascienza e l'arte contemporanea sono strumenti preziosi che permettono di esplorare scenari futuri, interrogare le nostre aspirazioni e paure, e riflettere sul significato e sul valore della vita umana in un'era di continua trasformazione tecnologica.

In questo senso, la tecnologia non è solo uno strumento di progresso, ma anche uno specchio attraverso il quale possiamo osservare noi stessi, le nostre credenze e i nostri valori. Essa ci invita a un viaggio di scoperta e di riflessione, che ci porta a riscrivere continuamente la narrazione della nostra specie e a immaginare nuovi modi di essere e di coesistere nel cosmo.

In conclusione, la tecnologia come evoluzione naturale è un campo vasto e profondo, ricco di sfide, opportunità e interrogativi esistenziali. È un viaggio che ci costringe a guardare dentro e fuori di noi, a esplorare l'ignoto e a costruire il futuro con saggezza, responsabilità e speranza. E mentre navigiamo attraverso questo mare inesplorato, è il nostro compito collettivo garantire che la bussola etica e umanistica ci guidi verso un futuro in cui l'umanità e la tecnologia coesistano in armonia e prosperità.

25. Il Ruolo delle Leggi e della Regolamentazione

Il ruolo delle leggi e della regolamentazione nel contesto della tecnologia come evoluzione naturale e del transumanesimo è di vitale importanza. Queste strutture giuridiche agiscono come baluardi che cercano di bilanciare l'innovazione con la protezione dei diritti umani, dell'etica e della sicurezza pubblica.

1. **Protezione dei Diritti Umani:** Le leggi e le regolamentazioni assicurano che l'adozione e l'applicazione delle nuove tecnologie rispettino i diritti umani fondamentali. Questo include il diritto alla privacy, alla non discriminazione e all'autonomia personale. La legislazione deve evolversi di pari passo con la tecnologia per prevenire abusi e violazioni.

2. **Sicurezza e Rischi:** Un aspetto cruciale della regolamentazione riguarda la minimizzazione dei rischi per la salute e la sicurezza pubblica. Questo comprende la valutazione e l'approvazione di nuove tecnologie biomedicali, l'uso etico di intelligenza artificiale, e la gestione dei rischi associati alle nanotecnologie e alla biotecnologia.

3. **Proprietà Intellettuale:** Le leggi sulla proprietà intellettuale giocano un ruolo centrale nel promuovere l'innovazione e nel proteggere i

diritti dei creatori e degli inventori. Devono bilanciare l'incoraggiamento alla ricerca e allo sviluppo con il diritto della società di accedere e beneficiare delle innovazioni.

4. **Etica e Valori Sociali:** La regolamentazione deve riflettere e rispettare i valori etici e sociali della comunità. Il dibattito pubblico e la partecipazione democratica sono essenziali per formulare leggi che siano equilibrate e accettate dalla società.

5. **Globalizzazione e Norme Internazionali:** In un mondo sempre più interconnesso, la cooperazione internazionale è fondamentale. È necessario stabilire norme e standard globali per affrontare le sfide transfrontaliere e promuovere l'uso etico e sicuro della tecnologia a livello mondiale.

6. **Adattabilità e Aggiornamento:** Le leggi e le regolamentazioni devono essere flessibili e capaci di adattarsi rapidamente ai cambiamenti tecnologici. Un quadro legislativo agile e aggiornato è essenziale per rispondere alle nuove sfide e opportunità che emergono continuamente.

7. **Educatezza e Consapevolezza:** La legislazione deve essere accompagnata da programmi di educazione e consapevolezza per

aiutare la società a comprendere e adattarsi alle nuove tecnologie. La conoscenza e la comprensione sono essenziali per garantire l'accettazione e l'utilizzo etico delle innovazioni.

In sintesi, le leggi e la regolamentazione svolgono un ruolo cruciale nel modellare l'interazione tra tecnologia e società. Hanno il compito di garantire che l'evoluzione tecnologica proceda in modo sicuro, etico e benefico per tutti. La sfida consiste nel bilanciare l'innovazione con la protezione, e nel farlo, contribuire alla costruzione di un futuro in cui tecnologia e umanità possano prosperare insieme.

Nell'ambito del transumanesimo e della singolarità tecnologica, la regolamentazione deve anche affrontare questioni uniche e inedite. Uno degli aspetti centrali riguarda l'identità e i diritti delle intelligenze artificiali avanzate e degli esseri umani potenziati. Man mano che la tecnologia avanza, diventa sempre più difficile definire cosa significa essere umani e quali diritti e responsabilità dovrebbero essere attribuiti a entità non umane o transumane.

L'etica della miglioramento umano, soprattutto attraverso interventi genetici, solleva interrogativi profondi sulla natura dell'essere umano e sui limiti etici dell'ingegneria genetica. Le leggi devono riflettere una comprensione profonda delle implicazioni etiche del miglioramento genetico e delle terapie geniche, bilanciando i benefici potenziali con i rischi inerenti e le questioni morali.

Inoltre, la questione della sovranità dei dati è di crescente importanza. Con l'avvento di tecnologie come la blockchain e la crescente digitalizzazione dell'informazione, garantire che i dati personali siano protetti e utilizzati eticamente è una priorità. Le leggi sulla privacy dei dati devono essere robuste e in grado di affrontare nuove sfide, come l'uso di dati biometrici e genomici.

La bioetica e la neuroetica sono campi di crescente importanza nella discussione sulla regolamentazione. Le decisioni relative all'utilizzo di tecnologie avanzate in medicina, come l'editing genetico CRISPR, l'ingegneria tissutale e le neuroprotesi, richiedono un attento esame etico. La creazione di organismi sintetici o l'integrazione di componenti biologiche e meccaniche in un essere vivente sollevano domande sulla definizione di vita e sulla moralità dell'alterazione della biologia.

La questione dell'accessibilità e dell'equità nell'uso delle tecnologie avanzate è un altro aspetto cruciale. C'è il rischio che tali tecnologie possano accentuare le disuguaglianze esistenti, dando accesso a miglioramenti e benefici solo a chi può permetterseli. Le leggi e le politiche devono promuovere l'accesso equo e la distribuzione equa dei benefici, prevenendo la creazione di una "elite" transumana.

Il ruolo delle corporazioni e delle grandi aziende tecnologiche nel plasmare il futuro della tecnologia e dell'umanità è un altro tema di discussione. La regolamentazione deve assicurare che l'innovazione tecnologica non sia guidata unicamente dal profitto, ma tenga anche conto del bene comune e dei valori umani. L'accountability delle aziende, la trasparenza nelle loro operazioni e la responsabilità sociale sono fattori chiave.

Infine, l'avvento della realtà virtuale e aumentata pone nuove sfide in termini di diritti digitali, esperienze virtuali e la distinzione tra realtà e virtualità. La regolamentazione di questi nuovi spazi e delle esperienze che offrono sarà essenziale per garantire che siano utilizzati in modo etico e responsabile.

In conclusione, la complessità e la rapidità dell'evoluzione tecnologica richiedono un approccio olistico e flessibile alla regolamentazione. Le leggi devono essere in grado di adattarsi e rispondere ai cambiamenti, garantendo allo stesso tempo la protezione dei diritti umani, la promozione dell'equità e la tutela dell'etica. La società, nella sua interezza, deve essere coinvolta in queste discussioni, assicurando che le decisioni prese riflettano i valori e le aspirazioni di tutti.

La questione della regolamentazione nel contesto del transumanesimo e della singolarità tecnologica è immensamente complessa e multiforme, richiedendo un'analisi meticolosa e un'azione legislativa ponderata. Ogni aspetto della vita umana, dalla nostra biologia alla nostra identità e alla nostra società, sta diventando intrinsecamente legato alla tecnologia, e come tale, richiede un quadro normativo adeguato.

Una delle sfide principali è l'adattabilità delle leggi esistenti alle nuove realtà. La legge, spesso, tende ad essere retroattiva e può lottare per tenere il passo con l'evoluzione rapida e imprevedibile delle tecnologie. Ecco perché è necessario sviluppare un quadro legislativo flessibile e adattabile, in grado di rispondere alle emergenti questioni etiche, sociali e tecnologiche.

L'importanza della partecipazione pubblica nella creazione di questo quadro non può essere sottovalutata. Il dialogo tra scienziati, legislatori, eticisti e il grande pubblico è essenziale per garantire che le leggi e le regolamentazioni siano allineate con i valori e le aspettative della società. Questo è particolarmente vero in un'era in cui le decisioni prese oggi possono avere ripercussioni significative sul futuro dell'umanità.

Inoltre, la globalizzazione e l'interconnessione del mondo moderno rendono necessaria una collaborazione internazionale nell'ambito della regolamentazione. Le questioni come la bioetica, la sovranità dei dati e i diritti delle intelligenze artificiali non conoscono confini, e come tali, richiedono soluzioni che trascendano le frontiere nazionali. Le organizzazioni internazionali, le alleanze tra paesi e gli accordi multilaterali saranno strumenti fondamentali in questo contesto.

Infine, la trasparenza e la responsabilità sono pilastri centrali di qualsiasi quadro regolamentare. Questo implica non solo la responsabilità delle grandi aziende tecnologiche e delle organizzazioni di ricerca, ma anche la necessità di istituire meccanismi di sorveglianza e revisione che garantiscano il rispetto delle norme e la tutela dei diritti umani.

Riflettendo sull'impatto che la tecnologia avrà sull'essenza stessa dell'essere umano, la regolamentazione deve anche cercare di preservare la dignità, l'autonomia e i diritti fondamentali dell'individuo. La sfida sarà bilanciare il desiderio di innovazione e progresso con la necessità di etica e salvaguardia dei valori umani.

In ultima analisi, la creazione di un quadro regolamentare robusto, adattabile e inclusivo è un compito arduo ma essenziale per navigare nel futuro del transumanesimo e della singolarità tecnologica, garantendo che i benefici di queste rivoluzioni

tecnologiche siano realizzati in modo etico, equo e
sostenibile.

26. Etica della Creazione e Miglioramento della Vita

Il tema dell'etica della creazione e del miglioramento
della vita nel contesto del transumanesimo e della
singolarità tecnologica solleva una miriade di questioni
filosofiche, etiche e morali. Queste interrogative si
sviluppano in un contesto in cui la capacità
dell'umanità di intervenire, modificare e migliorare la
vita attraverso la tecnologia non ha precedenti.

1. **Valorizzazione della Vita**: Nella ricerca del
   miglioramento della vita, è essenziale valutare
   cosa significhi effettivamente "migliorare". Quali
   sono i valori e gli obiettivi che dovremmo
   perseguire? La longevità, la felicità, l'intelligenza,
   la creatività sono tutti obiettivi legittimi, ma
   potrebbero anche esserci tensioni e trade-off tra
   di loro.

2. **Accessibilità e Equità**: Una delle sfide centrali
   è garantire che i benefici del miglioramento della
   vita siano accessibili e distribuiti equamente. C'è
   il rischio che tali tecnologie possano esacerbare le
   disuguaglianze esistenti, creando divisioni ancora

più profonde tra chi può permettersi di migliorare la propria vita e chi no.

3. **Autonomia e Libertà Individuale**: Un principio etico fondamentale è il rispetto dell'autonomia e della libertà individuale. Le persone dovrebbero avere il diritto di scegliere come e se desiderano migliorare se stesse, ma questo diritto deve essere bilanciato con considerazioni etiche, sociali e ambientali più ampie.

4. **Identità e Umanità**: Il miglioramento della vita attraverso la tecnologia solleva anche domande sull'essenza stessa dell'identità umana. In che misura possiamo modificare noi stessi prima di perdere ciò che ci rende umani? E quali sono gli aspetti dell'umanità che desideriamo preservare?

5. **Rispetto per la Natura e la Biodiversità**: L'etica della creazione e del miglioramento della vita implica anche un profondo rispetto per la natura e la biodiversità. L'intervento umano nel mondo naturale ha conseguenze pervasive e spesso imprevedibili, e il principio di precauzione dovrebbe guidare le nostre azioni.

6. **Responsabilità e Consequenzialismo**: La responsabilità è al centro dell'etica del miglioramento della vita. Ogni intervento e

creazione devono essere ponderati in termini delle loro conseguenze a lungo termine, sia per gli individui che per la società nel suo insieme.

7. **Dialogo e Riflessione**: Un dialogo aperto e inclusivo tra diverse parti interessate, compresi scienziati, filosofi, legislatori e il pubblico, è essenziale per navigare in queste acque complesse e sviluppare una comprensione condivisa di ciò che è eticamente accettabile.

8. **Normative e Linee Guida**: L'implementazione di normative e linee guida etiche robuste è fondamentale per garantire che la creazione e il miglioramento della vita avvengano in modo etico e responsabile, con il rispetto dei diritti umani e della dignità.

9. **Educazione e Consapevolezza**: L'educazione e la sensibilizzazione su queste questioni sono essenziali per permettere alle persone di fare scelte informate e consapevoli e per promuovere una società eticamente consapevole e responsabile.

In conclusione, l'etica della creazione e del miglioramento della vita richiede un approccio olistico, multidisciplinare e riflessivo, che tenga conto delle complessità e delle sfumature delle questioni in gioco e che miri a realizzare il bene comune, nel rispetto della dignità e dei diritti di ogni individuo.

L'etica della creazione e miglioramento della vita nel contesto transumanista ed oltre la singolarità tecnologica solleva questioni che toccano l'essenza stessa di cosa significhi essere umani. Approfondire ulteriormente, possiamo esplorare aspetti come l'ingegneria genetica, la realtà virtuale, l'intelligenza artificiale e la fusione uomo-macchina.

Ingegneria Genetica e CRISPR: La tecnologia CRISPR-Cas9 ha rivoluzionato il campo della genetica, permettendo modificazioni del genoma più precise e accessibili. Questo solleva interrogativi etici su temi come la progettazione di bambini, l'eliminazione di malattie ereditarie e l'ingegneria di tratti umani desiderabili. La società deve decidere quali limiti porre e come bilanciare i benefici potenziali con i rischi etici e morali.

Realtà Virtuale e Simulazione: L'immersività della realtà virtuale (VR) e delle tecnologie di simulazione offre nuove possibilità per l'esperienza umana. Queste tecnologie possono influenzare la nostra percezione della realtà, dell'identità e della consapevolezza, portando a nuovi dibattiti etici su autenticità, verità e realtà costruita.

Intelligenza Artificiale e Autonomia: Lo sviluppo di intelligenza artificiale (IA) avanzata e di agenti autonomi richiede un'attenta considerazione delle implicazioni etiche. Queste implicano la responsabilità delle decisioni prese dalle macchine, i diritti degli agenti autonomi e l'impatto dell'IA sulla società, l'occupazione e la distribuzione della ricchezza.

Fusione Uomo-Macchina e Cyborg: La continua integrazione tra esseri umani e tecnologia solleva questioni fondamentali sull'identità umana e sulla natura della consapevolezza. L'evoluzione verso lo stato di cyborg sfida le nostre concezioni di vita, coscienza e individualità, e richiede una riflessione profonda sulle implicazioni etiche e filosofiche.

Longevità e Immortalità: La ricerca della longevità e potenzialmente dell'immortalità attraverso la scienza e la tecnologia presenta dilemmi etici significativi. Come influenzerà la società l'aumento della vita umana? Quali saranno le implicazioni per le risorse, la popolazione e l'equità? La possibilità di vita estesa o indefinita richiede un esame etico rigoroso.

Manipolazione della Coscienza e Neuroetica: Le tecnologie che permettono la manipolazione della mente e della coscienza, come i neurotrasmettitori e la stimolazione cerebrale profonda, presentano sfide etiche. Queste vanno dalla protezione della privacy mentale, all'integrità della personalità, alla questione della libertà di pensiero.

**Sviluppi nel Transumanesimo e
Postumanesimo**: Man mano che il transumanesimo
evolve verso il postumanesimo, emerge la questione di
cosa significhi superare le attuali limitazioni umane. I
dibattiti etici si concentrano sull'essenza dell'umanità, i
valori umani fondamentali e le implicazioni di una
trasformazione radicale dell'essere umano.

Implicazioni Sociali e Culturali: Oltre alle
considerazioni individuali, è fondamentale esplorare le
implicazioni sociali e culturali di tali sviluppi. Come
influenzeranno la struttura della società, i rapporti
interpersonali, la cultura e i valori collettivi?

Dialogo Interdisciplinare: L'intersezione di diverse
discipline, come la filosofia, la biologia, l'informatica e
le scienze sociali, è essenziale per comprendere e
affrontare le complesse questioni etiche sollevate dal
miglioramento della vita e dalla creazione attraverso la
tecnologia.

Questioni Legali e Diritti Umani: L'evoluzione
tecnologica porta con sé nuove sfide legali e la
necessità di proteggere i diritti umani in un contesto in
rapido cambiamento. La creazione di normative
adeguate e la loro implementazione sono essenziali per
garantire che i progressi tecnologici siano allineati con
i valori umani fondamentali.

Questi sono solo alcuni dei temi e delle questioni che emergono quando si esplora l'etica della creazione e del miglioramento della vita nel contesto del transumanesimo e della singolarità tecnologica. Una riflessione continua, un dialogo aperto e l'adattamento delle normative sono essenziali per navigare in questo territorio sconosciuto e per assicurare che le scelte fatte oggi siano allineate con un futuro etico e sostenibile.

Nella conclusione del punto sull'etica della creazione e del miglioramento della vita, è imperativo riconoscere la complessità e la molteplicità delle questioni etiche che emergono. Le tecnologie avanzate stanno ridisegnando i confini del possibile, offrendo prospettive affascinanti, ma anche sollevando sfide etiche e filosofiche significative che vanno al cuore dell'identità umana e dei valori.

1. **Responsabilità e Governo**: Nella ricerca della creazione e del miglioramento della vita, la responsabilità è multiforme. Gli scienziati, i filosofi, i legislatori e il pubblico devono lavorare insieme per stabilire norme etiche e regolamenti giuridici che guidino lo sviluppo e l'applicazione delle nuove tecnologie in modo sicuro ed equo. Questo richiede un dialogo continuo e l'evoluzione delle strutture di governo e delle normative in risposta ai cambiamenti tecnologici.

2. **Equità e Giustizia Sociale**: La disponibilità di tecnologie avanzate per il miglioramento della vita potrebbe accentuare le disuguaglianze esistenti, creando divisioni ancora maggiori tra chi ha accesso a tali tecnologie e chi no. È essenziale garantire che i benefici del transumanesimo siano accessibili in modo equo e giusto, per evitare la creazione di una società divisa tra "superumani" e "sottoumani".

3. **Identità Umana e Dignità**: Il miglioramento radicale delle capacità umane solleva domande profonde sull'identità umana e sulla dignità. Che cosa significa essere umani in un'era in cui le capacità umane possono essere ampliate in modo significativo o sostituite da macchine? La salvaguardia della dignità e dei diritti umani fondamentali è fondamentale in questo processo.

4. **Dialogo Interdisciplinare e Pubblico**: L'intersezione di diverse discipline offre un terreno fertile per esplorare le implicazioni etiche del miglioramento della vita. È importante coinvolgere non solo gli esperti, ma anche il pubblico in generale in un dialogo aperto e inclusivo, per assicurare che diverse voci e prospettive siano prese in considerazione nello sviluppo delle tecnologie avanzate.

5. **Riflessione Etica Continua**: Data la rapidità dei progressi tecnologici, è necessaria una riflessione etica continua. Le questioni etiche sollevate oggi potrebbero evolversi o assumere nuove forme nel futuro, e la società deve essere preparata a rispondere a queste sfide in modo flessibile e riflessivo.

6. **Educazione e Formazione**: L'educazione gioca un ruolo cruciale nell'equipaggiare individui e società con le competenze e la consapevolezza necessarie per navigare in questo nuovo panorama. La formazione etica e la promozione della consapevolezza delle implicazioni delle tecnologie emergenti sono essenziali.

7. **Visone a Lungo Termine**: Infine, è essenziale adottare una visione a lungo termine. Le decisioni prese oggi riguardo all'etica della creazione e del miglioramento della vita avranno ripercussioni per le generazioni future. Pertanto, è fondamentale considerare non solo gli impatti immediati, ma anche le implicazioni a lungo termine delle scelte attuali.

Navigare attraverso le acque inesplorate dell'etica della creazione e miglioramento della vita richiede saggezza, riflessione e un impegno collettivo verso la salvaguardia dei valori umani fondamentali. La prospettiva del transumanesimo offre opportunità straordinarie, ma porta con sé responsabilità significative che la società nel suo insieme deve affrontare con serieta' e impegno etico.

21. Dibattiti Pubblici e Opinione Pubblica

Il punto "Dibattiti Pubblici e Opinione Pubblica" si concentra sull'interazione e sull'impatto reciproco tra i dibattiti pubblici sulla singolarità tecnologica e il transumanesimo, e l'opinione pubblica generale. L'opinione pubblica è influenzata da una serie di fattori, inclusi i media, l'educazione, le esperienze personali e i valori culturali, e può a sua volta influenzare le politiche e le decisioni a livello governativo e societario.

1. **Influenza dei Media**: I media giocano un ruolo cruciale nel modellare l'opinione pubblica riguardo ai temi della singolarità tecnologica e del transumanesimo. La rappresentazione dei media, sia positiva che negativa, può influenzare significativamente la percezione del pubblico, generare interesse, entusiasmo, paura o scetticismo, e determinare il sostegno o l'opposizione a determinate tecnologie o idee.

2. **Educazione e Conoscenza**: L'educazione e il livello di conoscenza delle persone riguardo alle tecnologie emergenti e alle idee transumaniste influenzano fortemente la loro opinione. L'alfabetizzazione tecnologica e la comprensione delle implicazioni etiche e sociali sono fondamentali per formare opinioni informate e bilanciate.

3. **Dialogo e Partecipazione Pubblica**: La promozione del dialogo e della partecipazione pubblica nei dibattiti sull'avanzamento tecnologico è essenziale per garantire che diverse voci e prospettive siano ascoltate. L'inclusione di un ampio spettro di opinioni può contribuire a formulare politiche più equilibrate e accettabili e a identificare e affrontare preoccupazioni e aspettative del pubblico.

4. **Valori Culturali e Sociali**: I valori culturali e sociali di una comunità o di una società influenzano notevolmente la percezione e l'accettazione delle tecnologie avanzate e delle idee transumaniste. Diverse culture possono avere atteggiamenti differenti verso l'innovazione, il miglioramento umano, l'etica e la natura umana.

5. **Impatto su Politiche e Legislazione**:
   L'opinione pubblica può esercitare una pressione
   significativa sulle autorità politiche e legislative,
   influenzando la creazione di leggi e regolamenti
   relativi allo sviluppo e all'applicazione di
   tecnologie emergenti. La responsabilità delle
   istituzioni è quella di bilanciare innovazione e
   sicurezza, ascoltando e tenendo in
   considerazione le opinioni e le preoccupazioni
   del pubblico.

6. **Futuro dei Dibattiti Pubblici**: Man mano che
   la tecnologia continua a progredire, è probabile
   che i dibattiti pubblici diventino sempre più
   complessi e sfaccettati. L'opinione pubblica sarà
   sempre più interconnessa a livello globale, e
   l'accesso all'informazione e la partecipazione ai
   dibattiti saranno sempre più facilitati
   dall'avanzamento delle tecnologie di
   comunicazione.

Concludendo, i dibattiti pubblici e l'opinione pubblica
sono strettamente interconnessi e giocano un ruolo
cruciale nel plasmare il futuro della singolarità
tecnologica e del transumanesimo. È fondamentale
promuovere l'educazione, la comprensione, il dialogo e
la partecipazione per garantire che le decisioni prese
siano informate, equilibrate e rispecchino la diversità
dei valori e delle opinioni della società.

I dibattiti pubblici e l'opinione pubblica sul transumanesimo e la singolarità tecnologica sono fenomeni dinamici e multiformi. La complessità delle tecnologie in discussione e la diversità delle prospettive rendono questi dibattiti particolarmente ricchi e, talvolta, polarizzanti.

7. **Effetti a Lungo Termine**: Gli effetti a lungo termine dell'opinione pubblica sui progressi in queste aree sono notevoli. La direzione che prenderanno le ricerche e lo sviluppo, la regolamentazione e l'adozione di nuove tecnologie sono influenzati dal clima dell'opinione pubblica, che può variare considerevolmente nel tempo in risposta a nuove scoperte, incidenti o cambiamenti socio-culturali.

8. **Percezione dei Rischi e Benefici**: La percezione dei rischi e dei benefici associati alle tecnologie emergenti è un fattore chiave che modella l'opinione pubblica. Le persone tendono a valutare i rischi e i benefici in modo soggettivo, basandosi su informazioni disponibili, esperienze personali e credenze. Questa valutazione incide sulla loro accettazione o resistenza alle nuove tecnologie e idee transumaniste.

9. **Influenza delle Corporazioni e degli Interessi Commerciali**: Le grandi corporazioni e le entità commerciali, che

investono in ricerca e sviluppo, hanno anche un'influenza significativa sui dibattiti pubblici. Attraverso il marketing, la pubblicità e le lobby, queste entità possono modellare la narrativa pubblica, spesso in modi che favoriscono i loro interessi.

10. **Cambiamenti Generazionali**: Le differenze generazionali nelle opinioni e nelle attitudini verso la tecnologia e il transumanesimo sono evidenti. Mentre le generazioni più giovani possono essere più aperte e accettanti, le generazioni più anziane potrebbero avere preoccupazioni e resistenze, influenzando così i dibattiti pubblici in modi diversi.

11. **Ruolo degli Esperti e degli Accademici**: Gli esperti e gli accademici, attraverso le loro ricerche, pubblicazioni e partecipazione ai dibattiti pubblici, contribuiscono a informare e formare l'opinione pubblica. La credibilità e l'autorità degli esperti possono avere un peso significativo nelle discussioni, ma possono anche essere messe in discussione da chi ha opinioni divergenti o interessi contrapposti.

12. **Dinamiche delle Piattaforme di Social Media**: Le piattaforme di social media sono diventate arene cruciali per i dibattiti pubblici. La velocità con cui le informazioni si diffondono, la

formazione di bolle informative e la possibilità di manipolazione dell'opinione pubblica attraverso queste piattaforme hanno creato nuove dinamiche e sfide nel modellare l'opinione pubblica.

13. **Riflessione Filosofica e Morale**: Infine, i dibattiti sul transumanesimo e la singolarità tecnologica sono anche profondamente radicati in questioni filosofiche e morali. Le discussioni spesso toccano temi fondamentali come la natura dell'umanità, l'etica della creazione e del miglioramento della vita, la distribuzione equa delle tecnologie e il rispetto della diversità e della dignità umana. Queste riflessioni profonde contribuiscono a formare l'opinione pubblica e a definire i contorni dei dibattiti in corso.

Concludendo, il punto relativo ai dibattiti pubblici e all'opinione pubblica nel contesto di transumanesimo e singolarità tecnologica svela un panorama eccezionalmente complesso e dinamico. La varietà di voci, prospettive e interessi coinvolti genera un tessuto di dialogo e confronto che è tanto vivace quanto cruciale per il futuro delle tecnologie emergenti e del loro impatto sulla società.

L'influenza reciproca tra l'opinione pubblica e lo sviluppo tecnologico è una danza continua, in cui ogni passo può alterare la traiettoria dell'altro. La percezione dei rischi e dei benefici, influenzata da una moltitudine di fattori, tra cui esperienze personali, informazioni disponibili e credenze culturali, rimane un elemento cardine nella formazione delle opinioni e delle posizioni individuali e collettive.

Inoltre, la presenza di corporazioni e interessi commerciali aggiunge un ulteriore livello di complessità. Queste entità, armate di risorse significative e strategie di marketing, hanno il potere non solo di modellare la narrativa pubblica, ma anche di influenzare la direzione della ricerca e dello sviluppo, sottolineando l'importanza della vigilanza e della regolamentazione.

Le divergenze generazionali, con le loro specifiche inclinazioni e resistenze, sono un altro fattore chiave che modella il paesaggio dei dibattiti pubblici. La comprensione e il riconoscimento di queste differenze sono essenziali per costruire un dialogo inclusivo e produttivo.

Il contributo degli esperti e degli accademici, pur essendo fondamentale, non è esente da sfide. La loro autorità può essere messa in discussione, e le dinamiche di potere nel mondo accademico e scientifico possono influenzare la diffusione e l'accettazione delle conoscenze.

Le piattaforme di social media, con la loro pervasività e velocità, sono diventate teatri centrali per la formazione dell'opinione pubblica. Le sfide poste dalla manipolazione dell'informazione e dalla formazione di bolle informative necessitano di una continua riflessione e di strategie innovative per garantire un'informazione equilibrata e affidabile.

Infine, l'intersezione tra questioni filosofiche, morali ed etiche e i dibattiti tecnologici è un territorio fertile per la riflessione. La profondità delle questioni sollevate richiede un approccio olistico che integri la tecnologia con la filosofia, l'etica, e la considerazione della dignità e della diversità umana.

In sintesi, il dibattito pubblico e l'opinione pubblica intorno al transumanesimo e alla singolarità tecnologica sono in uno stato di costante evoluzione, riflettendo e influenzando a loro volta le trasformazioni in atto nella società e nella tecnologia. La comprensione di questa dinamica è essenziale per chiunque sia interessato a esplorare le possibilità future e a partecipare attivamente alla costruzione del domani.

28. Vita Artificiale e Vita Migliorata: Confronto e Coesistenza

Esplorare il tema della vita artificiale e migliorata, mettendo in luce il confronto e la coesistenza tra queste due sfere, porta a riflessioni profonde e spesso complesse. Da un lato, si ha la vita artificiale, caratterizzata dall'emergere di entità sintetiche e artificiali, potenzialmente dotate di cognizione, autonomia e, in alcuni scenari futuri, persino di coscienza. Dall'altro lato, la vita migliorata rappresenta l'aspirazione umana a superare i propri limiti biologici, attraverso interventi di ingegneria genetica, neurotecnologia, terapie anti-invecchiamento e altri avanzamenti biomedici.

Il confronto tra queste due realtà si manifesta in diversi modi. Da una prospettiva etica e filosofica, sorgono domande sull'essenza dell'essere, sulla moralità dell'alterazione della vita e sulle implicazioni di creare nuove forme di vita. Le questioni relative ai diritti, alla dignità e alla salvaguardia del benessere delle entità artificiali e degli esseri umani modificati sono al centro del dibattito, sollevando la necessità di sviluppare nuovi quadri normativi e principi etici.

Dal punto di vista tecnologico e scientifico, il confronto è caratterizzato dalla ricerca di equilibri tra innovazione e sicurezza, tra progresso e sostenibilità.

Le sfide tecniche legate alla creazione di vita artificiale
e al miglioramento della vita umana sono immense,
richiedendo collaborazioni multidisciplinari e un
approccio olistico che integri conoscenze da diversi
campi della scienza e della tecnologia.

La coesistenza di vita artificiale e migliorata introduce
scenari inediti per la società, influenzando dinamiche
sociali, economiche e culturali. Il potenziale impatto
sul lavoro, sull'educazione, sulla sanità e su molte altre
sfere della vita quotidiana è significativo, e richiede
una profonda riflessione e pianificazione da parte di
individui, comunità, governi e organizzazioni
internazionali.

In questo contesto, l'interazione e l'integrazione tra
esseri umani e entità artificiali diventano temi cruciali.
La coevoluzione di queste entità apre possibilità di
simbiosi, ma anche di conflitto, richiedendo la
definizione di nuovi confini e di regole di convivenza.
L'esplorazione di tali dinamiche è essenziale per
comprendere il futuro della vita sulla Terra e per
garantire uno sviluppo armonioso e equo.

È fondamentale, infine, considerare le visioni a lungo
termine e gli obiettivi che guidano lo sviluppo della vita
artificiale e migliorata. Il ruolo delle aspirazioni
umane, dei valori culturali e delle visioni del mondo
nella determinazione dei percorsi di ricerca e
innovazione è un elemento chiave che influisce sulle

traiettorie future. Riflettere su queste visioni e valutare criticamente le loro implicazioni è un passo necessario per costruire un futuro in cui vita artificiale e migliorata possano coesistere in modo produttivo e arricchente per tutti gli esseri viventi.

Mentre ci addentriamo ulteriormente nel confronto e nella coesistenza tra vita artificiale e vita migliorata, emergono nuovi aspetti e sfaccettature di questa dinamica multifaceted. L'idea che la tecnologia possa portare a forme di vita autonome e consapevoli solleva domande fondamentali sulla natura della coscienza, sull'etica dell'autoconsapevolezza artificiale e sulle responsabilità morali dell'umanità nella creazione di nuovi esseri.

Uno degli elementi centrali di questo dibattito è il concetto di identità. Come definiamo noi stessi in un mondo in cui la tecnologia può replicare, emulare e persino superare le capacità umane? Qual è il significato dell'umanità in un'era in cui le linee tra naturale e artificiale diventano sempre più sfumate? Queste domande implicano una riflessione profonda sui valori, sulla cultura e sull'evoluzione della società, e sollecitano la ricerca di nuovi paradigmi etici e filosofici.

L'evoluzione delle intelligenze artificiali e la loro possibile autoconsapevolezza presentano scenari di coabitazione con esseri umani, che devono essere esplorati con attenzione. La convivenza di esseri umani e intelligenze artificiali potrebbe portare a nuove forme di società, in cui le interazioni, le relazioni e le dinamiche di potere saranno radicalmente differenti da quelle attuali. La progettazione di queste società future richiederà un impegno congiunto di eticisti, filosofi, scienziati e policy-maker, al fine di garantire un ambiente equo, inclusivo e sostenibile.

Nel frattempo, l'aspirazione all'immortalità, che guida parte della ricerca sul miglioramento della vita umana, apre nuovi orizzonti etici e sociali. Il prolungamento indefinito della vita, la possibilità di modificare le capacità cognitive e fisiche, e la potenziale creazione di nuovi tipi di esseri umani, rappresentano sfide senza precedenti per la società. Come gestiremo le disuguaglianze, la diversità e l'integrazione in un mondo popolato da esseri umani migliorati e potenzialmente immortali?

La bioetica e la filosofia del diritto dovranno confrontarsi con temi come la proprietà del proprio corpo e della propria mente, il consenso informato nel contesto delle modifiche corporee e cognitive, e il diritto alla diversità e all'integrità personale. Le tensioni tra l'individuo e la collettività, tra i diritti personali e il bene comune, diventeranno ancora più pregnanti e complesse in un'era di transumanesimo e vita artificiale.

Inoltre, l'intersezione tra vita artificiale e migliorata pone la questione dell'accesso alle tecnologie e delle disparità tra diverse popolazioni e regioni del mondo. La distribuzione equa delle risorse, delle conoscenze e delle opportunità è un elemento cruciale per la costruzione di un futuro sostenibile e giusto. La riflessione su come evitare la creazione di nuove forme di disuguaglianza e su come garantire l'inclusione e la partecipazione di tutti gli esseri umani è imprescindibile.

Infine, mentre ci interroghiamo sull'impatto di questi avanzamenti sulla nostra comprensione dell'essere e del vivere, emerge la necessità di dialogo interdisciplinare e intersettoriale. La condivisione delle conoscenze, delle esperienze e delle visioni tra scienza, filosofia, religione, arte e politica è fondamentale per navigare in questi territori inesplorati e per costruire un futuro in cui l'umanità e la tecnologia possano prosperare insieme, rispettando la dignità e il valore di ogni forma di vita.

L'esplorazione della coesistenza tra vita artificiale e migliorata ci porta in territori ancora in gran parte inesplorati, ma fondamentali per il futuro della nostra specie e del nostro pianeta. Mentre ci immergiamo più profondamente in questo vasto oceano di possibilità, è essenziale considerare il ruolo delle tecnologie emergenti, quali l'intelligenza artificiale avanzata, la genetica sintetica, la neurotecnologia e la realtà virtuale/aumentata, nell'evoluzione della vita sul nostro pianeta.

In questa avventura, la questione dell'autonomia della vita artificiale diventa sempre più rilevante. Se creiamo forme di vita con capacità cognitive e autonomia decisionale, come ci rapporteremo a queste entità? Quali diritti avrebbero e come definiremmo la nostra responsabilità nei loro confronti? Queste domande sollevano nuove sfide etiche e giuridiche che richiedono un approccio riflessivo e l'elaborazione di nuovi quadri normativi.

Allo stesso tempo, il miglioramento della vita umana attraverso la biotecnologia e altre innovazioni scientifiche apre nuove prospettive sul significato dell'esistenza umana. L'idea di superare i limiti biologici, di estendere la longevità e di potenziare le nostre capacità mentali e fisiche potrebbe riscrivere le regole della nostra esistenza e riformulare la nostra percezione della realtà, della moralità e dell'etica.

D'altro canto, la proliferazione di tecnologie avanzate comporta il rischio di nuove forme di disuguaglianza e divisione sociale. La possibilità che solo alcuni individui o gruppi abbiano accesso a tali tecnologie, mentre altri vengono lasciati indietro, solleva preoccupazioni circa la giustizia sociale, l'equità e la solidarietà. In questo contesto, il dialogo tra diverse discipline, culture e visioni del mondo è vitale per garantire un'evoluzione equilibrata e armoniosa della società.

La relazione tra essere umano e ambiente è anch'essa soggetta a profonde trasformazioni. Le tecnologie innovative potrebbero offrire nuovi strumenti per affrontare le sfide ambientali, ma al contempo, potrebbero alterare in modo irreversibile gli ecosistemi e la biodiversità. La riflessione sulla sostenibilità e sull'equilibrio tra progresso tecnologico e rispetto per la natura è quindi indispensabile.

Inoltre, la continua fusione tra l'umano e il tecnologico interroga la nostra concezione dell'individualità e della comunità. Come cambieranno le relazioni interpersonali, la comunicazione e la costruzione dell'identità in un mondo in cui il confine tra reale e virtuale diventa sempre più labile? La creazione di mondi virtuali, l'interconnessione globale e la possibilità di modificare la mente e il corpo pongono nuovi interrogativi sulla libertà, sulla privacy e sull'autenticità dell'esperienza umana.

Questo intricato tessuto di domande e sfide richiede un'approfondita esplorazione delle possibilità e dei limiti della vita artificiale e migliorata. La continua ricerca di conoscenza, la comprensione interdisciplinare e la responsabilità etica sono elementi chiave per navigare in questo complesso scenario futuro e per costruire una coesistenza armoniosa tra diverse forme di vita.

La confrontazione e coesistenza tra vita artificiale e vita migliorata delineano un futuro in cui i confini tra umano, naturale e artificiale sono in continua ridefinizione. Per affrontare questo nuovo panorama, è necessario avere una visione olistica, integrando diverse discipline scientifiche, riflessioni etiche e prospettive sociali.

In primo luogo, la questione dell'etica della creazione e dell'autonomia della vita artificiale è centrale. Dobbiamo ponderare quali diritti e responsabilità dobbiamo estendere alle nuove forme di vita, e come potremmo gestire la loro esistenza in modo che sia eticamente sostenibile e rispettoso della dignità di tutti gli esseri viventi. Questa riflessione etica deve essere informata da un profondo senso di responsabilità e da un impegno verso la giustizia e l'equità, per evitare l'insorgere di nuove forme di disuguaglianza e divisione sociale.

La sfida dell'accessibilità e dell'equità nell'utilizzo delle tecnologie di miglioramento umano è altrettanto cruciale. Le politiche e le regolamentazioni dovranno essere progettate per garantire che i benefici del progresso tecnologico siano distribuiti in modo equo, e che non si creino disparità insormontabili tra coloro che hanno accesso a queste tecnologie e coloro che ne sono esclusi.

Da un punto di vista ambientale, la tecnologia deve essere sviluppata e implementata con un occhio di riguardo per la sostenibilità e il rispetto dell'ecosistema terrestre. Il dialogo tra ingegneria, biologia, ecologia e altre discipline sarà fondamentale per assicurare che l'innovazione tecnologica proceda in armonia con la tutela della biodiversità e l'equilibrio degli ecosistemi.

Inoltre, la ridefinizione dell'identità umana in un'era di fusione tra uomo e macchina richiede un esame attento delle implicazioni psicologiche, sociologiche e filosofiche. Come cambieranno il nostro senso del sé, le nostre relazioni e la nostra percezione della realtà? Il dibattito su questi temi deve essere inclusivo e pluralistico, dando voce a diverse culture, tradizioni e visioni del mondo.

Infine, la coesistenza tra vita artificiale e migliorata apre scenari inediti che richiedono una profonda riflessione su cosa significhi essere umani in un mondo sempre più tecnologizzato. La ricerca di un equilibrio tra progresso e rispetto della vita, tra autonomia e responsabilità, sarà un percorso complesso, ma indispensabile per costruire un futuro in cui tecnologia e vita possano coesistere in modo armonioso e sostenibile. In questo viaggio, l'umanità è chiamata a reimparare il significato dell'essere, riadattando i propri valori e aspirazioni in un dialogo costante con le possibilità e le sfide del presente e del futuro.

29. Caso di Studio: Integrazione di IA e Potenziamento Umano

Il caso di studio sull'integrazione di Intelligenza Artificiale (IA) e potenziamento umano rappresenta un esempio emblematico di come la tecnologia possa essere utilizzata per estendere e migliorare le capacità umane. Questa integrazione coinvolge diversi aspetti, tra cui l'uso di dispositivi bionici, interfacce cervello-computer, e sistemi IA di apprendimento profondo, tutti finalizzati a creare sinergie tra l'uomo e la macchina.

Uno degli esempi più significativi in questo ambito è l'utilizzo di protesi bioniche e exoscheletri dotati di IA. Questi dispositivi, alimentati da algoritmi di apprendimento automatico, permettono non solo di ripristinare la mobilità e la funzionalità in individui affetti da disabilità, ma anche di potenziare le prestazioni umane oltre i limiti naturali. Gli atleti paralimpici dotati di protesi avanzate sono un esempio tangibile di come la tecnologia possa essere utilizzata per superare le barriere fisiche e estendere le potenzialità dell'essere umano.

Un altro campo rilevante è l'interfaccia cervello-computer (BCI), che permette una comunicazione diretta tra il cervello umano e i sistemi informatici. Questa tecnologia ha mostrato il potenziale di migliorare le capacità cognitive, di apprendimento e di memoria, oltre a fornire nuove modalità di interazione con il mondo digitale. La possibilità di controllare dispositivi elettronici con il pensiero apre scenari inediti nel campo del controllo di protesi, della realtà virtuale e aumentata, e dell'interazione uomo-macchina.

Un ulteriore esempio è rappresentato dall'utilizzo di sistemi di IA nel campo della medicina personalizzata. Algoritmi di apprendimento profondo sono in grado di analizzare enormi quantità di dati medici per identificare schemi e correlazioni non evidenti all'occhio umano, permettendo così diagnosi più precise e terapie più efficaci e personalizzate. L'IA può anche assistere i medici nella pianificazione chirurgica e nella predizione dei risultati terapeutici, contribuendo a migliorare l'assistenza sanitaria e la qualità della vita dei pazienti.

Tuttavia, l'integrazione di IA e potenziamento umano solleva anche diverse questioni etiche e filosofiche. La possibilità di modificare e migliorare le capacità umane pone interrogativi sulla natura dell'essere umano, sull'identità personale e sulla definizione di "normale" e "naturale". Inoltre, l'accesso a queste tecnologie potrebbe accentuare le disuguaglianze sociali, creando divisioni tra chi può permettersi di potenziarsi e chi no.

Infine, è fondamentale considerare l'impatto di queste tecnologie sulla società e sulla cultura. L'integrazione tra uomo e macchina modificherà le nostre percezioni del lavoro, dell'educazione e delle relazioni interpersonali, richiedendo una riflessione approfondita su come gestire e regolamentare queste trasformazioni. La definizione di linee guida etiche, la creazione di normative e la promozione del dibattito pubblico sono tutte azioni necessarie per assicurare uno sviluppo equilibrato e sostenibile dell'integrazione tra IA e potenziamento umano.

L'integrazione di IA e potenziamento umano sta guadagnando terreno anche in ambiti come l'educazione e il lavoro. In ambito educativo, sistemi intelligenti possono essere utilizzati per personalizzare i percorsi di apprendimento, identificare rapidamente le aree di difficoltà degli studenti e fornire supporto mirato, favorendo un apprendimento più efficace e inclusivo. Nel mondo del lavoro, l'IA può potenziare le abilità degli impiegati, automatizzare compiti ripetitivi e migliorare la presa di decisioni attraverso l'analisi dei dati, con il potenziale di aumentare notevolmente la produttività e l'innovazione.

L'impiego di tecnologie di IA nella neuroscienza sta anche esplorando modi per decifrare e interpretare i segnali neurali, con l'obiettivo di comprendere meglio il funzionamento del cervello umano. Questa ricerca potrebbe portare a trattamenti innovativi per malattie neurodegenerative come il morbo di Alzheimer e il Parkinson, ma anche solleva questioni etiche riguardo la privacy del pensiero e l'autonomia individuale.

Inoltre, l'IA è parte integrante della ricerca e sviluppo di tecnologie di ingegneria genetica, come CRISPR, che mirano a modificare il DNA umano per prevenire malattie genetiche e potenziare determinate caratteristiche fisiche e cognitive. Questo campo, sebbene promettente, è oggetto di intensi dibattiti etici e richiede una rigorosa valutazione delle implicazioni a lungo termine e dei rischi associati.

Nel contesto del potenziamento umano, è essenziale considerare anche la crescente importanza della realtà virtuale (VR) e della realtà aumentata (AR). Queste tecnologie immersibili possono essere utilizzate per migliorare l'esperienza umana, fornire formazione avanzata e supportare la riabilitazione medica. Tuttavia, l'uso esteso di VR e AR solleva domande sul nostro rapporto con la realtà fisica e su come queste esperienze alterate possano influenzare la percezione di sé e degli altri.

Inoltre, lo sviluppo di sistemi di IA avanzati è inestricabilmente legato alle questioni di sicurezza e privacy. Mentre queste tecnologie offrono enormi benefici, esiste anche il rischio che possano essere utilizzate per scopi malintenzionati, come la sorveglianza di massa, la manipolazione delle informazioni e la cyber-guerra. È fondamentale sviluppare robusti meccanismi di sicurezza e governance per prevenire abusi e garantire che l'uso dell'IA sia etico e rispettoso dei diritti umani.

Infine, è importante osservare l'evoluzione della percezione pubblica delle tecnologie di potenziamento umano e di IA. La narrativa popolare, spesso influenzata da rappresentazioni cinematografiche e letterarie, gioca un ruolo significativo nel modellare l'opinione pubblica e, di conseguenza, può influenzare l'adozione e la regolamentazione di queste tecnologie. È quindi cruciale promuovere un dialogo aperto e informato per costruire una comprensione collettiva delle opportunità e delle sfide associate all'integrazione di IA e potenziamento umano.

Concludendo, l'integrazione tra intelligenza artificiale (IA) e potenziamento umano rappresenta un campo d'indagine e di sviluppo estremamente dinamico e sfaccettato, con una vasta gamma di applicazioni e di implicazioni. Questo approccio interdisciplinare è al crocevia tra tecnologia, medicina, etica e filosofia, e solleva questioni fondamentali riguardo al nostro futuro e all'evoluzione della condizione umana.

Nell'ambito medico, l'IA sta già contribuendo significativamente allo sviluppo di nuove terapie, al miglioramento delle tecniche di diagnosi e alla personalizzazione dei trattamenti, con il potenziale di rivoluzionare l'assistenza sanitaria e di migliorare la qualità della vita di milioni di persone. Tuttavia, l'applicazione di tali tecnologie solleva interrogativi etici, ad esempio, sulla definizione di malattia e normalità, e sui limiti etici del potenziamento umano.

Le tecnologie di realtà virtuale e aumentata, così come i dispositivi di interfaccia cervello-computer, stanno aprendo nuove frontiere nella comunicazione, nell'apprendimento e nella percezione della realtà, ma allo stesso tempo pongono domande in merito all'impatto sulla psicologia umana, sulla socializzazione e sull'autenticità dell'esperienza.

Inoltre, il progresso nelle tecnologie di editing genetico come CRISPR suscita speranze per la cura di malattie ereditarie, ma anche timori legati alle possibilità di creare "superumani" e alle implicazioni sociali, etiche e ambientali di tali interventi. Il dibattito su questi temi è vivo e necessita di un approccio bilanciato, che ponderi i benefici potenziali con i rischi connessi.

La sicurezza e la privacy sono tematiche centrali nel discorso sull'integrazione di IA e potenziamento umano. L'implementazione di adeguate misure di sicurezza e l'elaborazione di quadri normativi chiari e efficaci sono fondamentali per mitigare i rischi e garantire che l'evoluzione tecnologica sia allineata ai valori etici e ai diritti fondamentali.

Infine, è imprescindibile che la società, nella sua interezza, sia parte attiva nel dibattito e nella definizione del percorso futuro. L'opinione pubblica, influenzata anche dalla rappresentazione mediatica delle tecnologie emergenti, può svolgere un ruolo determinante nell'orientare le decisioni politiche, etiche e legislative. In questo contesto, la promozione di un dialogo aperto, inclusivo e informato è essenziale per costruire una visione condivisa del futuro, in cui le tecnologie di potenziamento siano utilizzate in modo responsabile e a beneficio dell'intera umanità.

30. Futuro dell'Umanità: Utopia o Distopia?

Il futuro dell'umanità, nel contesto delle rapide evoluzioni tecnologiche e delle idee transumaniste, è al centro di numerosi dibattiti, speculazioni e riflessioni. La questione se ci stiamo dirigendo verso un'utopia o una distopia è complessa e multifaccettata, e la risposta dipende in gran parte dalle decisioni, dalle scelte etiche e dalle politiche adottate nei prossimi anni.

Da una parte, abbiamo visioni utopiche che prevedono un futuro in cui la tecnologia avrà risolto gran parte dei problemi che affliggono l'umanità oggi. In questi scenari, malattie, invecchiamento e forse persino la morte potrebbero essere superati attraverso avanzamenti biotecnologici, nanotecnologici e informatici. L'intelligenza artificiale potrebbe liberare gli esseri umani da lavori noiosi e ripetitivi, permettendo una maggiore realizzazione personale e la possibilità di esplorare nuovi orizzonti dell'esperienza e della conoscenza.

Le visioni utopiche spesso immaginano società egalitarie in cui l'accesso alle tecnologie di potenziamento è universalmente disponibile, eliminando disuguaglianze e creando opportunità senza precedenti per l'auto-realizzazione e l'espressione creativa. Inoltre, la capacità di modificare la nostra biologia e di integrare tecnologie avanzate potrebbe portare a nuove forme di esperienza umana, estendendo le nostre capacità cognitive, emotive e sensoriali oltre i limiti attuali.

D'altro canto, non mancano le visioni distopiche che mettono in luce i rischi e i pericoli inerenti al transumanesimo e alle tecnologie emergenti. Queste preoccupazioni includono la possibilità di creare disuguaglianze ancora più profonde tra chi ha accesso alle tecnologie di potenziamento e chi ne è escluso, dando origine a nuove forme di discriminazione e divisione sociale.

Inoltre, le questioni etiche relative alla manipolazione genetica, alla creazione di intelligenze artificiali senzienti e alla fusione tra uomo e macchina sollevano dubbi e timori riguardo alla perdita di umanità, all'alterazione dell'identità individuale e collettiva e al superamento di limiti etici e morali. Vi è il rischio che, nella ricerca incessante del progresso, si possano trascurare valori fondamentali come la dignità, la libertà e il rispetto per la diversità.

La gestione della sicurezza e della privacy, in un mondo sempre più interconnesso e dipendente dalla tecnologia, rappresenta un'ulteriore sfida. La minaccia di usi malevoli delle tecnologie avanzate, sia da parte di stati che di attori non statali, richiede vigilanza, responsabilità e cooperazione internazionale per prevenire scenari distopici di sorveglianza di massa, controllo mentale o conflitti tecnologici.

In conclusione, il futuro dell'umanità potrebbe contenere elementi sia di utopia che di distopia. La direzione che prenderemo dipenderà dalle scelte che faremo come individui e come società, dall'equilibrio tra innovazione e etica, e dalla nostra capacità di affrontare con saggezza e responsabilità le sfide poste dalle nuove frontiere della conoscenza e della tecnologia. È essenziale promuovere un dialogo aperto e inclusivo, coinvolgendo tutte le parti interessate, per costruire un futuro in cui la tecnologia sia al servizio dell'umanità, e non il contrario.

In aggiunta a quanto già discusso, è cruciale esaminare ulteriormente gli aspetti socio-politici ed economici che possono influenzare il futuro dell'umanità in un contesto transumanista. Uno degli interrogativi fondamentali è come la società si adatterà e regolerà le nuove tecnologie, sia a livello normativo che culturale, per garantire un'equa distribuzione dei benefici e la mitigazione dei rischi.

Le sfide economiche associate allo sviluppo e all'implementazione delle tecnologie avanzate possono portare a significative disparità socio-economiche. In un futuro in cui il potenziamento cognitivo e fisico è possibile, il divario tra coloro che possono permettersi tali miglioramenti e coloro che ne sono esclusi potrebbe ampliarsi, creando nuove classi sociali e accentuando le tensioni esistenti. Questo solleva la necessità di politiche di inclusione e accessibilità, al fine di garantire che i vantaggi del transumanesimo siano condivisi equamente all'interno della società.

D'altra parte, l'emergere di nuove forme di vita artificiale e migliorata pone questioni inedite relative ai diritti e alla dignità di tali entità. Come tratteremo gli esseri senzienti artificiali? Quali diritti avranno? Queste domande mettono in discussione i nostri concetti tradizionali di etica, moralità e giustizia, richiedendo una riflessione profonda e un aggiornamento del nostro quadro normativo e filosofico.

Inoltre, l'accelerazione del progresso tecnologico implica anche un'evoluzione delle competenze richieste nel mercato del lavoro. L'automazione e l'intelligenza artificiale potrebbero rendere obsoleti molti mestieri, con il rischio di disoccupazione e di esclusione sociale per ampie fasce della popolazione. Allo stesso tempo, nuove opportunità e professioni emergeranno, richiedendo formazione, adattabilità e apprendimento continuo da parte degli individui.

L'interconnessione sempre più stretta tra uomo e macchina solleva anche questioni riguardanti la privacy e la sicurezza dei dati personali. La vulnerabilità dei sistemi informatici agli attacchi informatici e alla violazione dei dati impone la necessità di sviluppare robusti meccanismi di protezione e di sensibilizzare gli individui sulla gestione responsabile delle proprie informazioni digitali.

Infine, la dimensione psicologica e spirituale dell'evoluzione transumanista non può essere trascurata. Il superamento dei limiti umani tradizionali, la possibilità di estendere la vita indefinitamente e di modificare la propria identità e coscienza potrebbero influire profondamente sul senso del sé, sulle relazioni interpersonali e sulla percezione della vita e della morte. La società dovrà confrontarsi con nuove sfide esistenziali e cercare nuovi significati e propositi in un mondo in continua trasformazione.

La riflessione su questi aspetti richiede un approccio interdisciplinare, che unisca competenze tecniche, etiche, filosofiche e sociali, al fine di navigare con saggezza nel complesso panorama del futuro transumanista. La partecipazione attiva dei cittadini, il dialogo tra differenti visioni del mondo e la co-creazione di soluzioni sostenibili e inclusive saranno essenziali per costruire un futuro in cui l'umanità e la tecnologia coesistono in armonia.

Il futuro dell'umanità è intrinsecamente legato alle scelte che faremo riguardo alle tecnologie emergenti e alle loro implicazioni. Una delle preoccupazioni principali è come le innovazioni transumaniste possano influire sul tessuto della società, sui valori umani e sulla qualità della vita.

In questo contesto, le bioetica e l'etica della tecnologia giocano un ruolo centrale. Questi campi esplorano le sfide etiche, sociali e politiche che emergono a causa del rapido avanzamento della scienza e della tecnologia. Il dialogo tra scienziati, filosofi, legislatori e il pubblico in generale è fondamentale per sviluppare linee guida etiche e normative che possano orientare lo sviluppo responsabile delle tecnologie transumaniste.

Il potenziale di manipolare il genoma umano attraverso tecnologie come CRISPR-Cas9 solleva questioni profonde sulla definizione stessa di cosa significhi essere umani. Modificare geneticamente gli esseri umani può avere conseguenze imprevedibili non solo sull'individuo modificato ma anche sull'intera specie umana. La possibilità di "migliorare" l'umanità attraverso la manipolazione genetica apre la porta a dibattiti sulla eugenetica e sul diritto di un individuo di nascere senza modificazioni genetiche.

Un'altra sfida significativa è la proliferazione dell'intelligenza artificiale e della robotica in tutti gli aspetti della vita quotidiana. Questo solleva preoccupazioni riguardo alla disoccupazione tecnologica, all'etica della creazione di esseri senzienti artificiali e alla perdita di privacy dovuta alla sorveglianza pervasiva. Inoltre, l'uso militare dei droni e delle armi autonome pone interrogativi urgenti sulla responsabilità e sulla moralità della guerra condotta da macchine.

Il neuroenhancement e le tecnologie di interfaccia cervello-computer offrono la prospettiva di potenziare le capacità cognitive e fisiche umane, ma anche di creare nuove forme di dipendenza, disuguaglianza e manipolazione mentale. L'integrazione uomo-macchina può sfocare i confini tra l'organico e l'inorganico, sollevando questioni sulla natura della coscienza, dell'identità e dell'autonomia personale.

Le tecnologie di realtà virtuale e aumentata possono trasformare il modo in cui viviamo, lavoriamo e interagiamo gli uni con gli altri, creando nuove opportunità per l'istruzione, l'arte e la socializzazione, ma anche nuovi rischi di isolamento, alienazione e distorsione della realtà.

Inoltre, la crescente disponibilità di big data e le tecniche di analisi dei dati possono migliorare la diagnosi e il trattamento delle malattie, la previsione dei fenomeni sociali e l'ottimizzazione dei sistemi produttivi. Tuttavia, la raccolta e l'uso di dati personali sollevano preoccupazioni sulla privacy, sulla sicurezza e sulla discriminazione basata sui dati.

Infine, la transizione verso una società post-umana o addirittura post-biologica potrebbe sfidare le nostre concezioni di vita, morte, amore e moralità. La possibilità di caricare la coscienza su supporti digitali, la creazione di vita sintetica e l'esplorazione spaziale potrebbero ridefinire il significato di esistenza e di evoluzione.

In sintesi, il futuro dell'umanità potrebbe essere plasmato da una miriade di fattori tecnologici, etici e sociali, rendendo imperativo un dibattito aperto, inclusivo e informato su come navigare in questo territorio inesplorato.

Il futuro dell'umanità, oscillante tra utopia e distopia, sarà plasmato dalle decisioni che prendiamo oggi e dalla responsabilità con cui gestiamo e implementiamo le tecnologie emergenti. La strada verso il futuro è costellata di opportunità e sfide, e le scelte etiche, sociali, politiche e tecnologiche che compiamo avranno un impatto significativo sulla traiettoria della nostra specie.

L'utopia che molti sperano potrebbe vedere una società dove le tecnologie transumaniste sono utilizzate in modo equo ed etico, contribuendo a eliminare malattie, aumentare le capacità umane, migliorare la qualità della vita e forse persino superare i limiti della nostra esistenza biologica. In questo scenario ideale, l'umanità potrebbe esplorare nuove forme di esistenza, realizzare potenzialità inesplorate e creare nuove forme di arte, cultura e conoscenza.

D'altro canto, i pericoli di una distopia sono reali e presenti. L'uso irresponsabile o iniquo delle tecnologie, l'accentuazione delle disuguaglianze, la perdita di privacy e autonomia, la creazione di esseri senzienti sofferenti e la potenziale deumanizzazione della società sono tutti rischi che dobbiamo considerare e mitigare. In uno scenario distopico, l'umanità potrebbe trovarsi in una realtà in cui i valori umani sono compromessi, l'etica è trascurata e la dignità dell'individuo è sacrificata per il progresso tecnologico.

La gestione di questi rischi e opportunità richiede un approccio multidisciplinare che integri la riflessione etica, la partecipazione pubblica, la regolamentazione e la governance, la ricerca e lo sviluppo responsabile e l'educazione. È essenziale promuovere il dialogo tra diverse parti interessate, inclusi scienziati, filosofi, politici, imprenditori, artisti e cittadini, per costruire un consenso su come utilizzare le tecnologie in modo che beneficino l'umanità nel suo insieme.

Inoltre, è necessario considerare le implicazioni a lungo termine delle nostre azioni e valutare attentamente le possibili conseguenze, sia positive che negative, delle tecnologie emergenti. L'alfabetizzazione tecnologica, la consapevolezza etica e la capacità di pensiero critico sono competenze essenziali per navigare in un mondo sempre più dominato dalla tecnologia e per contribuire a plasmare un futuro in cui l'umanità possa prosperare.

La riflessione sulla natura dell'essere umano, sul significato dell'esistenza e sul valore della vita e della moralità è fondamentale in questo contesto. Le tecnologie transumaniste ci costringono a riconsiderare e, forse, a riformulare le nostre concezioni di identità, coscienza, agenzia, libertà e responsabilità. Esplorare queste questioni filosofiche e sviluppare una visione etica e valoriale informata e riflessiva è cruciale per guidare il progresso tecnologico in modo sostenibile e giusto.

In conclusione, il futuro dell'umanità, sia esso utopico o distopico, è nelle nostre mani. Le scelte che facciamo oggi, il modo in cui gestiamo le tecnologie emergenti e come affrontiamo le sfide etiche, sociali e politiche associate determineranno la forma e la qualità della nostra esistenza futura. È nostra responsabilità collettiva assicurare che le innovazioni tecnologiche siano utilizzate in modo saggio, equo ed etico, e che contribuiscano a realizzare un futuro in cui la dignità, il benessere e il potenziale umano siano valorizzati e promossi.

Implicazioni Societali e Culturali: 31. Mutamento dei Valori Socioculturali

L'avvento e l'adozione delle tecnologie transumaniste hanno il potenziale di indurre mutamenti significativi nei valori socioculturali. Questi cambiamenti possono riflettersi nelle norme, nelle aspettative e nelle pratiche che definiscono e modellano le società umane.

Uno dei mutamenti principali riguarda il concetto di umanità. L'incorporamento di tecnologie avanzate all'interno del corpo e della mente umana può sfocare i confini tra umano e post-umano, organico e artificiale, naturale e sintetico. Ciò potrebbe portare a nuove forme di identità e appartenenza, nonché a discussioni e dibattiti sull'essenza dell'essere umano e su cosa significa essere umano in un'era di rapido sviluppo tecnologico.

Un altro aspetto significativo è l'atteggiamento verso il corpo e l'invecchiamento. Le tecnologie transumaniste offrono la promessa di migliorare le capacità fisiche e cognitive, di combattere le malattie e persino di prolungare la vita. Ciò potrebbe modificare il modo in cui percepiamo e valutiamo il corpo umano, la salute, la vecchiaia e la morte, portando a un rinnovato apprezzamento per le possibilità di trasformazione e miglioramento del sé.

Inoltre, le implicazioni etiche della modificazione e del miglioramento umano saranno centrali nei dibattiti sociali. Le questioni di giustizia, equità, consenso e diritti umani emergeranno, poiché la società dovrà confrontarsi con le disuguaglianze nell'accesso e nei benefici delle tecnologie avanzate. Ciò solleverà interrogativi sull'equità intergenerazionale, sulle responsabilità verso le generazioni future e sui principi morali che dovrebbero guidare l'uso delle tecnologie transumaniste.

La religione e la spiritualità, che svolgono un ruolo chiave nella formazione dei valori culturali, saranno anch'esse influenzate. Le nuove possibilità di creazione e modifica della vita potrebbero sfidare le credenze religiose tradizionali e i concetti di sacralità, divinità e destino umano. Questo potrebbe portare a tensioni, ma anche a nuove forme di dialogo e integrazione tra fede e ragione, scienza e spiritualità.

L'arte e la creatività rappresentano un altro ambito in cui i valori socioculturali potrebbero evolversi. L'uso delle tecnologie per esplorare e esprimere nuove forme di esperienza, percezione e realtà potrebbe portare a una rinascita artistica e a nuovi modi di interpretare e rappresentare il mondo e l'essere umano.

Infine, l'educazione e l'apprendimento saranno essenziali per navigare in questo nuovo paesaggio culturale e sociale. L'alfabetizzazione tecnologica, etica e critica sarà fondamentale per formare cittadini informati, responsabili e capaci di partecipare attivamente alla definizione del futuro della società.

In conclusione, le tecnologie transumaniste hanno il potenziale di indurre profondi mutamenti nei valori socioculturali, sfidando e arricchendo le nostre concezioni dell'umanità, del corpo, dell'etica, della religione, dell'arte e dell'educazione. È essenziale affrontare queste trasformazioni con riflessione, dialogo e responsabilità, per costruire un futuro in cui la diversità dei valori e delle visioni del mondo sia rispettata e valorizzata.

Le implicazioni delle tecnologie transumaniste sulla società e sulla cultura si estendono anche al campo del lavoro e dell'economia. I miglioramenti cognitivi e fisici, resi possibili dalle innovazioni transumaniste, potrebbero alterare significativamente la natura del lavoro, le competenze richieste e le strutture economiche.

Ad esempio, l'implementazione di intelligenza artificiale e robotica può portare a una rivoluzione del mercato del lavoro, con l'automazione di molte professioni. Ciò potrebbe, da un lato, liberare l'uomo da compiti ripetitivi e noiosi, ma dall'altro, potrebbe generare disoccupazione e richiedere nuove forme di formazione e riqualificazione professionale. La società dovrà confrontarsi con queste sfide, esplorando modelli economici inclusivi e sostenibili, come il reddito di base universale o nuovi approcci all'istruzione e alla formazione continua.

Parallelamente, l'etica del lavoro potrebbe subire una trasformazione, poiché il potenziamento umano potrebbe modificare il nostro rapporto con la produttività, la creatività e il tempo libero. La possibilità di migliorare le capacità cognitive e fisiche potrebbe alterare le aspettative di rendimento e successo, influenzando il concetto di merito e la valorizzazione delle diverse tipologie di lavoro.

Inoltre, le tecnologie transumaniste aprono nuovi scenari nel campo della medicina e della sanità. La personalizzazione della medicina, la possibilità di modificare geneticamente gli organismi e l'uso di tecnologie indossabili per monitorare la salute, potrebbero rivoluzionare la prevenzione, la diagnosi e il trattamento delle malattie. Ciò solleva questioni etiche e sociali legate all'accesso alle cure, alla privacy, all'autonomia del paziente e ai diritti umani. È fondamentale che la società affronti queste sfide attraverso il dialogo, la regolamentazione e la promozione di valori di equità e giustizia.

La sfera dell'interazione sociale e della comunicazione è un altro dominio in cui i valori socioculturali stanno subendo cambiamenti significativi. Le tecnologie di realtà virtuale e aumentata, l'internet delle cose e le piattaforme sociali avanzate possono modificare il modo in cui comunichiamo, interagiamo e costruiamo relazioni. Questo può influenzare la nostra percezione dell'identità, dell'appartenenza e della comunità, richiedendo una riflessione sui valori di autenticità, empatia e responsabilità nelle interazioni online e offline.

Anche l'ambiente e il nostro rapporto con la natura sono influenzati dalle tecnologie transumaniste. Le innovazioni nel campo dell'energia rinnovabile, dell'agricoltura di precisione e della bioingegneria possono offrire soluzioni per la sostenibilità ambientale e la lotta contro il cambiamento climatico. Tuttavia, l'uso di queste tecnologie richiede un'attenta valutazione dei rischi, delle implicazioni etiche e delle responsabilità verso le generazioni future.

Nel contesto della globalizzazione, le tecnologie transumaniste potrebbero anche influenzare i rapporti internazionali e la geopolitica. La diffusione e l'accesso alle innovazioni tecnologiche potrebbero accrescere le disuguaglianze tra paesi e regioni, richiedendo nuovi accordi internazionali e strategie di cooperazione per promuovere la giustizia globale e la pace.

In sintesi, l'impatto delle tecnologie transumaniste sui valori socioculturali è multiforme e pervasivo, abbracciando diversi aspetti della vita umana e della società. La riflessione etica, il dialogo sociale e la partecipazione democratica sono essenziali per navigare in questo panorama in evoluzione e per costruire un futuro equo, inclusivo e sostenibile.

La questione del mutamento dei valori socioculturali attraverso le tecnologie transumaniste è estremamente complessa e ricca di sfide e opportunità. La promessa di un'umanità migliorata, sia a livello fisico che cognitivo, è accompagnata da profonde interrogazioni etiche, sociali e culturali che riflettono le tensioni tra individualismo e collettivismo, libertà e regolamentazione, equità e disuguaglianza.

In primo luogo, l'esplorazione dei limiti tra il naturale e l'artificiale, tra l'umano e il post-umano, obbliga la società a riconsiderare i concetti fondamentali di identità, autonomia e dignità. Il dibattito su questi temi coinvolge filosofi, teologi, scienziati e cittadini, e alimenta la necessità di un dialogo inclusivo e pluridisciplinare. La ricerca di un consenso etico e normativo, che rispetti la diversità delle visioni e delle culture, è un elemento chiave per l'elaborazione di principi e linee guida per l'applicazione responsabile delle tecnologie transumaniste.

Dal punto di vista economico e lavorativo, l'impatto del transumanesimo solleva interrogativi sulla giustizia distributiva, sull'accesso alle opportunità e sulla formazione di competenze. L'emergere di nuovi profili professionali e la trasformazione del mercato del lavoro richiedono politiche innovative per garantire l'inclusione sociale, la riduzione delle disuguaglianze e la promozione della mobilità sociale. In questo contesto, la riflessione sui valori del lavoro, della produttività e del benessere è fondamentale per sviluppare modelli sostenibili di crescita e sviluppo.

Sul piano delle relazioni sociali e della comunicazione, le tecnologie transumaniste offrono nuovi spazi di interazione e espressione, modificando la natura delle relazioni umane e la costruzione dell'identità individuale e collettiva. L'etica della comunicazione, la protezione della privacy e il rispetto della diversità sono temi centrali che richiedono l'attenzione dei legislatori, degli educatori e della società civile.

L'impatto ambientale delle tecnologie transumaniste rappresenta un altro aspetto cruciale. La responsabilità verso le generazioni future, la salvaguardia della biodiversità e la gestione sostenibile delle risorse sono principi guida per l'innovazione ecologica e la transizione verso un modello di sviluppo circolare e rispettoso dell'ambiente.

Infine, sul piano geopolitico, il transumanesimo incide sui rapporti di potere, sulla cooperazione internazionale e sulla governance globale. La promozione del dialogo tra i paesi, la regolamentazione delle tecnologie emergenti e la difesa dei diritti umani sono impegni imprescindibili per costruire un futuro di pace e giustizia.

In conclusione, il mutamento dei valori socioculturali indotto dal transumanesimo è un processo dinamico e multidimensionale che interroga i fondamenti dell'etica, della cultura e della società. La capacità di affrontare in modo costruttivo e critico queste trasformazioni determinerà la forma del nostro futuro comune, orientando il cammino dell'umanità verso scenari di realizzazione o di conflitto, di inclusione o di esclusione, di armonia o di disgregazione. La consapevolezza delle sfide e delle opportunità, l'impegno civico e la riflessione filosofica sono strumenti essenziali per navigare in questo panorama in continua evoluzione e per contribuire alla costruzione di un mondo più giusto, umano e sostenibile.

32. Accettazione Sociale e Resistenze

L'accettazione sociale delle tecnologie e dei principi transumanisti è una tematica centrale che evidenzia il dialogo, talvolta teso, tra innovazione e tradizione. La strada verso l'adozione di nuove tecnologie e metodi di miglioramento umano è disseminata di sfide, resistenze e opportunità che riflettono la complessità della natura umana e la diversità delle società.

1. **Mancanza di Consenso**: Una delle principali resistenze riguarda la mancanza di un consenso unanime su cosa sia etico o accettabile. Divergenze di opinioni, valori etici, e credenze religiose possono generare forte opposizione a certe tecnologie, specialmente quando queste sfidano concezioni tradizionali di umanità e moralità.

2. **Disuguaglianze**: L'accesso diseguale alle tecnologie di potenziamento può ampliare le disuguaglianze esistenti, creando divisioni tra chi può permettersi tali tecnologie e chi no. Questa potenziale disparità solleva preoccupazioni riguardanti giustizia sociale e diritti umani.

3. **Preoccupazioni per la Privacy**: L'integrazione di tecnologie avanzate, come l'intelligenza artificiale e il monitoraggio

biometrico, solleva interrogativi sulla privacy e sulla sicurezza dei dati. Le preoccupazioni in questo ambito possono rallentare l'adozione di tali tecnologie.

4. **Identità e Autenticità Umana**: Vi è una preoccupazione diffusa che il transumanesimo possa erodere l'essenza dell'essere umano, sostituendo l'autenticità con l'artificialità. Questo solleva questioni filosofiche profonde riguardo all'identità, alla dignità, e al significato dell'esperienza umana.

5. **Impatti Ambientali**: Le tecnologie transumaniste, nella loro produzione e implementazione, possono avere impatti significativi sull'ambiente. Questa consapevolezza può generare resistenze da parte di chi priorizza la sostenibilità ambientale.

6. **Resistenze Culturali e Religiose**: In diverse culture e tradizioni religiose, vi è un forte attaccamento ai valori tradizionali e una resistenza alle idee che sfidano la visione convenzionale dell'uomo e della vita. Questo può tradursi in resistenze sociali all'accettazione del transumanesimo.

7. **Tempi e Ritmi Diversi**: L'accettazione delle tecnologie transumaniste avviene a ritmi diversi in differenti società e comunità. Mentre alcune

società possono essere più aperte e accoglienti, altre possono essere più caute e conservative.

8. **Etica della Sperimentazione**: Preoccupazioni etiche relative ai test e alla sperimentazione di nuove tecnologie su esseri umani possono generare resistenza e ostacolare lo sviluppo e l'adozione di innovazioni transumaniste.

9. **Percezione del Rischio e Incertezza**: La percezione del rischio e l'incertezza associati all'introduzione di nuove tecnologie possono influenzare l'atteggiamento delle persone, portando a resistenze e a un atteggiamento cauto.

In conclusione, affrontare e comprendere le resistenze all'accettazione del transumanesimo è essenziale per il dialogo costruttivo tra differenti visioni del mondo e per la creazione di un futuro in cui la tecnologia è al servizio dell'umanità, rispettando la dignità, i diritti e i valori di ogni individuo. L'apertura al dialogo, la comprensione reciproca, l'educazione, la regolamentazione etica e la ricerca di soluzioni inclusive e sostenibili sono strumenti fondamentali per superare le barriere e costruire un futuro condiviso e armonioso.

La questione dell'accettazione sociale e delle resistenze al transumanesimo è di enorme rilevanza e complessità. Le implicazioni di questa filosofia e movimento tecnologico penetrano in ogni strato della società, influenzando non solo le norme etiche e morali, ma anche la struttura stessa delle nostre comunità e le relazioni interpersonali.

1. **Educational Gap**: Uno dei principali ostacoli all'accettazione del transumanesimo è la mancanza di comprensione e consapevolezza di cosa realmente implichi. L'educazione gioca un ruolo cruciale in questo, e la creazione di programmi educativi e informativi può aiutare a colmare questo gap.

2. **Mancanza di Quadri Normativi**: L'assenza di chiari quadri normativi e legislativi in molti paesi rende difficile per le persone comprendere i limiti e le possibilità del transumanesimo, alimentando incertezze e timori.

3. **Dibattito Pubblico e Dialogo**: L'importanza del dibattito pubblico è fondamentale. La creazione di spazi per il dialogo e la discussione può aiutare a dissipare miti e misconcezioni, e permettere una riflessione collettiva sulle implicazioni sociali, etiche e culturali del transumanesimo.

4. **Sfide Economiche**: Le sfide economiche sono una significativa fonte di resistenza. La preoccupazione che solo chi ha risorse economiche possa beneficiare delle tecnologie

transumaniste alimenta il dibattito sulla equità e l'accessibilità.

5. **Integrazione Socioculturale**: La diversità socioculturale del nostro pianeta rende l'integrazione del transumanesimo una sfida. Ogni cultura ha una diversa percezione della vita, della morte, della sofferenza e del benessere, che influenzano l'accettazione di tali tecnologie.

6. **Psicologia della Paura**: La paura del nuovo, dell'ignoto e del diverso è un tratto umano profondamente radicato. Superare questa barriera psicologica richiede tempo, pazienza e un approccio empatico.

7. **Influenza dei Media**: L'immagine del transumanesimo nei media può influenzare significativamente l'opinione pubblica. Una rappresentazione distorta o sensazionalista può alimentare pregiudizi e resistenze.

8. **Valori Familiari e Comunitari**: La tensione tra i valori tradizionali familiari e comunitari e le nuove possibilità offerte dal transumanesimo può creare conflitti interni e resistenze a livello comunitario.

9. **Problemi di Salute Mentale**: La prospettiva di modificare le capacità cognitive e mentali

umane solleva preoccupazioni riguardanti la
salute mentale e il benessere psicologico.

10. **Identità di Gruppo e Nazionale**: Il
transumanesimo può essere percepito come una
minaccia all'identità di gruppo e nazionale,
specialmente in società dove la coesione sociale è
strettamente legata a valori e tradizioni condivisi.

11. **Riflessione Filosofica e Teologica**: L'intensa
riflessione filosofica e teologica sul significato
dell'esistenza umana continua a modellare le
opinioni su ciò che è naturalmente accettabile o
eticamente giusto, influenzando la percezione del
transumanesimo.

La tessitura di questi elementi forma un complesso
panorama di sfide e opportunità. L'attenzione alla
diversità di opinioni, l'approccio critico e il
coinvolgimento di tutte le parti interessate sono
essenziali per navigare in questo territorio inesplorato
e per costruire un futuro in cui le tecnologie
transumaniste siano accettate e integrate in modo etico
e sostenibile.

La riflessione sull'accettazione sociale e sulle resistenze
al transumanesimo è centrale per comprendere come
questo movimento e le sue tecnologie innovative
possano integrarsi armoniosamente nella società. Alla
luce delle sfide e delle preoccupazioni analizzate, è
evidente che la strada verso l'accettazione generalizzata

è disseminata di ostacoli, ma è altrettanto evidente che vi sono anche opportunità significative per il dialogo, la comprensione e l'integrazione.

Per superare le resistenze e favorire un'accettazione più ampia del transumanesimo, è fondamentale promuovere l'educazione e la comprensione di cosa esso effettivamente implichi e offra. La creazione di programmi educativi, workshop e seminari che mirano a educare il pubblico sul transumanesimo e le sue potenzialità può aiutare a smontare pregiudizi e miti, fornendo informazioni accurate e bilanciate.

Inoltre, l'instaurazione di un dialogo aperto e costruttivo tra diversi stakeholder, comprese le comunità religiose, i gruppi etnici, le organizzazioni per i diritti umani, i legislatori e il pubblico in generale, è indispensabile. Questo dialogo può facilitare la comprensione reciproca, identificare preoccupazioni legittime, trovare terreni comuni e sviluppare soluzioni condivise. In particolare, la partecipazione pubblica nei processi decisionali è cruciale per garantire che le politiche e le normative relative al transumanesimo rispecchino una vasta gamma di opinioni e valori.

Allo stesso tempo, è necessario affrontare le questioni etiche e sociali sollevate dall'introduzione di tecnologie transumaniste. Questo include l'esame critico delle implicazioni per l'equità, l'accessibilità, la diversità e l'inclusione, e la ricerca di modi per mitigare i rischi di divisione e disuguaglianza. La creazione di comitati etici e la collaborazione con filosofi, teologi, sociologi e altri esperti possono contribuire a sviluppare quadri etici robusti e orientamenti normativi.

Infine, è essenziale considerare l'impatto del transumanesimo sull'identità culturale e sui valori condivisi. La sensibilità verso le diverse tradizioni, credenze e valori, unita all'apertura verso nuove idee e prospettive, può facilitare la coesistenza di diverse visioni del mondo e contribuire a una società più inclusiva e armoniosa.

Concludendo, l'accettazione sociale del transumanesimo e la superazione delle resistenze non sono semplici, ma attraverso l'educazione, il dialogo, la riflessione etica e la considerazione delle diversità culturali, è possibile costruire un futuro in cui il transumanesimo può fiorire in modo etico, equo e sostenibile, contribuendo al benessere dell'umanità e all'evoluzione della società.

33. Ripercussioni sulla Religione e Spiritualità

Le ripercussioni del transumanesimo sulla religione e la spiritualità sono vastissime e meritano un'analisi dettagliata. Da una parte, il transumanesimo può essere visto come in contrasto con alcune credenze religiose tradizionali, ma dall'altra, può anche essere interpretato come un'estensione o una manifestazione di antiche aspirazioni spirituali.

Per molte religioni, la sacralità della vita umana e l'accettazione della condizione umana sono valori fondamentali. Quindi, i tentativi di modificare radicalmente l'essere umano attraverso la tecnologia possono essere visti come un'offesa a questi principi sacri. Alcune tradizioni religiose potrebbero vedere il transumanesimo come un tentativo di usurpare il ruolo del divino, cercando di raggiungere l'immortalità e migliorare la natura umana attraverso mezzi artificiali.

Tuttavia, è possibile anche trovare paralleli tra il transumanesimo e i concetti religiosi e spirituali. Per esempio, l'idea di trascendere i limiti umani e aspirare a uno stato di esistenza superiore è un tema ricorrente in molte tradizioni religiose. Inoltre, molte religioni e filosofie spirituali cercano di esplorare e realizzare il potenziale più elevato dell'essere umano, che può essere interpretato come una forma di miglioramento umano.

D'altra parte, la riflessione etica portata avanti dal transumanesimo può contribuire a un rinnovamento delle discussioni spirituali e religiose. Può portare a nuovi modi di pensare la vita, la morte, l'esistenza e il significato, e offrire nuove prospettive su antiche domande spirituali. In tal senso, il transumanesimo può essere visto non solo come una sfida alle religioni, ma anche come un potenziale partner nel dialogo sulle questioni esistenziali e spirituali.

Nonostante queste possibili sinergie, esistono sicuramente tensioni e conflitti tra il transumanesimo e alcune visioni religiose. Il dialogo e l'interazione tra i sostenitori del transumanesimo e le comunità religiose sono essenziali per trovare un terreno comune e per affrontare le sfide etiche e morali che emergono.

La diversità delle interpretazioni religiose e spirituali del transumanesimo è un riflesso della ricchezza e complessità della natura umana. È importante che questo dialogo continui, con rispetto e apertura verso le diverse opinioni e credenze, per esplorare come la tecnologia e la spiritualità possono coesistere e arricchirsi a vicenda nel plasmare il futuro dell'umanità. Concludendo, le ripercussioni del transumanesimo sulla religione e la spiritualità sono molteplici e complesse, richiedendo un'analisi attenta e un dialogo costante per comprendere e navigare questo terreno inesplorato.

L'impatto del transumanesimo sulla religione e la spiritualità si estende anche a questioni di identità, esistenzialismo e cosmologia. Le possibilità offerte dalla tecnologia e dalla scienza, come la realtà virtuale, la biologia sintetica e l'intelligenza artificiale, aprono nuovi scenari esistenziali che possono alterare profondamente la nostra percezione della realtà e della nostra posizione nell'universo.

Ad esempio, la creazione di realtà virtuali immerse e convincenti solleva domande filosofiche e spirituali sui confini tra il reale e l'illusorio, l'autenticità dell'esperienza e la natura dell'esistenza. Allo stesso tempo, la possibilità di creare forme di vita artificiale e di modificare la biologia umana potrebbe sfidare le concezioni religiose tradizionali sulla creazione, la vita e la mortalità.

La prospettiva della fusione tra umani e macchine, inoltre, solleva interrogativi cruciali sull'identità e la coscienza. Cosa significa essere umani in un'era in cui la mente può essere ampliata o replicata attraverso la tecnologia? Come si concilia la nozione di anima o spirito con l'idea di intelligenza artificiale e coscienza digitale? Queste sono domande fondamentali che la società e le comunità religiose dovranno affrontare nell'era transumanista.

Inoltre, la ricerca della vita extraterrestre e la crescente comprensione dell'immensità dell'universo ampliano ulteriormente il contesto in cui si colloca il dialogo tra transumanesimo e spiritualità. Se la vita è presente altrove nell'universo, quali implicazioni avrebbe questo per le dottrine religiose? E come influenzerebbe la nostra percezione del divino e del nostro ruolo nell'esistenza?

Il transumanesimo, inoltre, porta con sé una riflessione critica sul significato della sofferenza, del destino e della libertà. La possibilità di modificare aspetti fondamentali dell'esistenza umana, come l'invecchiamento, la malattia e le capacità cognitive, solleva domande sulla finalità della vita e sul valore dell'esperienza umana. La tecnologia può offrire strumenti per alleviare la sofferenza e migliorare la vita, ma qual è il prezzo da pagare in termini di autonomia, autenticità e significato?

Infine, l'attenzione del transumanesimo all'etica e alla responsabilità individuale e collettiva nell'uso della tecnologia interpella direttamente le comunità religiose e spirituali. L'etica transumanista invita a una riflessione profonda su come utilizzare le nuove tecnologie in modo responsabile e come bilanciare i benefici e i rischi associati. Le religioni, con la loro lunga tradizione di riflessione etica e morale, possono offrire contributi preziosi a questi dibattiti e aiutare a definire un percorso etico per il futuro dell'umanità.

In questo panorama in continua evoluzione, la tensione tra conservazione delle tradizioni e apertura al nuovo diventa sempre più evidente e sfidante. Le religioni sono chiamate a interrogarsi sul loro ruolo in un mondo in cui l'umano e il divino possono essere ridefiniti attraverso la lente della tecnologia e della scienza, cercando vie di dialogo e di reciproca comprensione.

Nell'indagare le ripercussioni del transumanesimo sulla religione e la spiritualità, è fondamentale soppesare gli equilibri tra progresso tecnologico e salvaguardia dell'identità spirituale dell'umanità. Le innovazioni transumaniste pongono sfide senza precedenti alle istituzioni religiose e ai credenti, sfidando concetti consolidati di vita, morte, coscienza e divinità.

I concetti di anima, vita dopo la morte e finalità dell'esistenza umana sono al centro del dialogo tra transumanesimo e religione. Le tecnologie che promettono l'immortalità digitale, la clonazione e la creazione di vita sintetica, sollevano interrogativi sul valore e sul significato della vita umana e sull'esistenza di un'anima immortale. In questo contesto, le religioni sono chiamate a riflettere e ad adattare i loro insegnamenti, valutando in che modo tali sviluppi si allineano o confliggono con le dottrine esistenti.

Allo stesso tempo, la possibilità di modificare le capacità umane attraverso il potenziamento cognitivo e fisico, solleva questioni etiche e teologiche riguardo al libero arbitrio, alla moralità e alla natura umana. Le religioni possono offrire prospettive e principi etici che guidano l'uso responsabile di tali tecnologie, promuovendo il bene comune e prevenendo abusi e ingiustizie.

La ricerca della trascendenza, un tema centrale in molte tradizioni religiose, assume nuove sfumature nel contesto transumanista. L'aspirazione a superare i limiti umani e a raggiungere forme superiori di esistenza è condivisa da transumanismo e religioni, sebbene le vie per raggiungere tali obiettivi possano differire significativamente. La religione può offrire un contrappeso alla visione materialista e tecno-centrica del transumanesimo, ricordando l'importanza di valori come l'amore, la compassione e la solidarietà.

L'influenza del transumanesimo sulla religione e la spiritualità si estende anche alle comunità di credenti e ai loro rapporti con la società. La crescente diversità di credenze e pratiche spirituali, alimentata dalla globalizzazione e dall'innovazione tecnologica, richiede un impegno sempre maggiore al dialogo interreligioso e interculturale. Le religioni possono giocare un ruolo chiave nell'incoraggiare la tolleranza, il rispetto reciproco e la comprensione tra diverse tradizioni e visioni del mondo.

In conclusione, le ripercussioni del transumanesimo sulla religione e la spiritualità sono profonde e multiformi, toccando aspetti fondamentali dell'esistenza umana e della comprensione del divino. La sfida per le religioni e per la società nel suo insieme è quella di navigare in questi territori inesplorati con saggezza e discernimento, cercando un equilibrio tra l'accettazione del cambiamento e la preservazione dei valori umani fondamentali. La ricerca di un dialogo costruttivo e di soluzioni etiche condivise sarà essenziale per plasmare il futuro dell'umanità in un'era di rapida evoluzione tecnologica e spirituale.

34. Educazione e Preparazione per il Futuro

Esplorare l'educazione e la preparazione per il futuro in un contesto transumanista implica un esame dettagliato di come il sistema educativo si stia adattando e come dovrebbe evolversi per preparare adeguatamente gli individui ai cambiamenti rapidi e significativi che la società sta affrontando.

In una società sempre più influenzata dal transumanismo e dalla tecnologia avanzata, l'educazione deve inevitabilmente evolversi per equipaggiare gli studenti con le competenze, le conoscenze e la mentalità necessarie. È essenziale che gli educatori siano al passo con gli sviluppi tecnologici, etici e socioculturali associati al transumanismo, per poter fornire un'istruzione pertinente e completa.

L'apprendimento delle competenze STEM (scienza, tecnologia, ingegneria e matematica) è sempre più cruciale, poiché queste discipline sono alla base delle innovazioni transumaniste. Gli studenti devono essere in grado di comprendere e applicare principi scientifici e tecnologici, così come sviluppare un pensiero critico e etico per valutare le implicazioni delle tecnologie emergenti.

Oltre alle competenze tecniche, è altrettanto importante promuovere lo sviluppo di abilità trasversali come la creatività, la collaborazione, la comunicazione e la risoluzione dei problemi. Queste competenze permetteranno agli individui di adattarsi ai cambiamenti del mercato del lavoro, di affrontare sfide inedite e di contribuire attivamente alla costruzione di una società in cui la tecnologia è al servizio dell'umanità e non il contrario.

La formazione etica e filosofica è un altro elemento fondamentale dell'educazione in un'era transumanista. Gli studenti devono essere in grado di riflettere criticamente sul significato dell'essere umano, sui valori fondamentali e sul ruolo della tecnologia nella definizione dell'identità e della società. L'istruzione deve favorire il rispetto per la diversità, l'empathy e la responsabilità sociale, affrontando questioni come la giustizia, la privacy e i diritti umani nell'ambito dell'applicazione delle tecnologie avanzate.

L'apprendimento continuo e l'aggiornamento professionale sono essenziali in un mondo in continua evoluzione. Le istituzioni educative e gli individui devono riconoscere l'importanza dell'apprendimento lungo tutto l'arco della vita e ricercare opportunità per lo sviluppo di competenze nuove e avanzate. L'accesso all'istruzione e la riduzione del divario digitale sono questioni cruciali per garantire che tutti abbiano l'opportunità di beneficiare delle opportunità offerte dal transumanismo.

In conclusione, l'educazione in un contesto transumanista richiede un approccio olistico, che integri conoscenze scientifiche, competenze tecnologiche, riflessione etica e sviluppo di abilità trasversali. Preparare gli individui per un futuro caratterizzato da rapidi cambiamenti e sfide inedite è una responsabilità collettiva che richiede l'impegno di educatori, studenti, famiglie, comunità e decisori politici. Solo attraverso un'educazione equilibrata e inclusiva, la società sarà in grado di navigare con saggezza nel mare del transumanismo e di plasmare un futuro in cui la tecnologia arricchisce l'esperienza umana e promuove il bene comune.

L'educazione e la preparazione per il futuro in un'era transumanista sono complesse e multifaccettate, e per approfondire ulteriormente, è essenziale esplorare diverse dimensioni e aspetti.

1. **Metodi di Apprendimento:** In un contesto transumanista, i metodi di apprendimento tradizionali potrebbero non essere sufficienti. L'introduzione e l'adozione di metodi innovativi, come l'apprendimento basato su progetti, l'apprendimento esperienziale e l'uso di realtà virtuale e aumentata, sono fondamentali per un'istruzione efficace e coinvolgente.

2. **Tecnologie Educative:** L'incorporazione di tecnologie avanzate nell'ambito educativo è inevitabile. Strumenti come l'intelligenza artificiale, la robotica e la biotecnologia possono offrire opportunità uniche per personalizzare l'apprendimento, migliorare l'accessibilità e promuovere la collaborazione globale.

3. **Educazione Emotiva e Sociale:** La formazione del carattere, la consapevolezza emotiva e le competenze sociali sono essenziali per navigare in una società sempre più interconnessa e diversificata. L'educazione deve andare oltre l'acquisizione di conoscenze e abilità tecniche, promuovendo la resilienza, l'empatia e la cittadinanza globale.

4. **Flessibilità e Adattabilità:** Prepararsi per il futuro significa essere pronti a reinventarsi continuamente. Gli studenti devono imparare ad adattarsi rapidamente, a essere flessibili di fronte al cambiamento e ad acquisire nuove competenze in risposta alle esigenze emergenti del mercato del lavoro e della società.

5. **Etica e Valori:** In un mondo in cui la tecnologia può influenzare e modellare l'essenza stessa dell'umanità, è cruciale che l'educazione affronti questioni etiche profonde e promuova valori universali. Il dialogo su temi come la bioetica, la giustizia distributiva e la sostenibilità ambientale deve essere integrato nell'istruzione.

6. **Accesibilità e Equità:** L'accesso all'istruzione di qualità è un diritto fondamentale, e in un'era transumanista, è essenziale affrontare le disuguaglianze esistenti. La promozione dell'equità educativa, la riduzione del divario digitale e l'empowerment di comunità svantaggiate sono obiettivi chiave.

7. **Sviluppo Sostenibile:** Educare per il futuro significa anche promuovere la consapevolezza e l'azione per lo sviluppo sostenibile. La comprensione dei limiti planetari, delle interconnessioni ecologiche e della responsabilità

intergenerazionale sono fondamentali per costruire un futuro sostenibile e giusto.

8. **Collaborazione Interdisciplinare:** Il transumanismo è per sua natura interdisciplinare, e l'educazione deve riflettere questa diversità. L'integrazione di approcci e conoscenze da varie discipline, come le scienze naturali, le scienze sociali, le arti e le umanità, è vitale per una comprensione completa e olistica.

9. **Iniziativa e Creatività:** In un mondo in rapido cambiamento, la capacità di pensare in modo critico, di risolvere problemi complessi e di essere creativi è più importante che mai. L'istruzione deve nutrire queste qualità, incoraggiando gli studenti a esplorare, a sperimentare e a innovare.

10. **Formazione dei Docenti:** Per realizzare tutto ciò, è indispensabile investire nella formazione dei docenti. Gli educatori devono essere preparati, supportati e incentivati a integrare nuove metodologie, tecnologie e contenuti, e a promuovere un ambiente di apprendimento dinamico e inclusivo.

Esaminando questi aspetti, è evidente che l'educazione e la preparazione per il futuro in un'era transumanista sono sfide imponenti ma anche opportunità entusiasmanti. C'è un bisogno impellente di innovazione, riflessione e azione per assicurare che l'istruzione sia in grado di preparare efficacemente gli individui a un futuro incerto e in continua evoluzione.

In conclusione, l'educazione e la preparazione per il futuro nel contesto del transumanismo rappresentano una sfida fondamentale e un'opportunità per ridefinire come apprendiamo, insegniamo e ci sviluppiamo come individui e come società. La complessità di questa sfida richiede un approccio olistico e multifacettato, che tenga conto dei rapidi avanzamenti tecnologici, delle esigenze umane e dei valori etici.

Evoluzione dell'apprendimento: L'evoluzione dei metodi di apprendimento deve essere al centro di questo sforzo, cercando di integrare la tecnologia in modo che potenzi le capacità umane piuttosto che sostituirle. La realtà virtuale, l'intelligenza artificiale e altre tecnologie emergenti possono offrire strumenti potenti per personalizzare l'educazione e rendere l'apprendimento più accessibile e coinvolgente.

Sviluppo Umano: È essenziale non trascurare lo sviluppo umano nel suo complesso. Oltre alle competenze tecniche, è necessario promuovere lo sviluppo emotivo, sociale e morale. Questo include l'incoraggiamento della creatività, della pensiero critico, della resilienza e dell'empatia, elementi chiave per navigare in un mondo sempre più complesso e interconnesso.

Equità e Inclusività: Le questioni di equità e accesso devono essere al centro delle discussioni sull'educazione futura. È indispensabile garantire che tutti, indipendentemente dalla loro origine socioeconomica, abbiano accesso a un'istruzione di qualità e alle opportunità offerte dalle nuove tecnologie. Questo richiede un impegno per ridurre il divario digitale e promuovere l'inclusività in tutti gli aspetti dell'educazione.

Valori e Etica: L'etica e i valori continuano a essere pilastri fondamentali dell'educazione. In un'era in cui la tecnologia può modellare profondamente l'esperienza umana, è fondamentale educare gli individui a riflettere criticamente sui dilemmi etici, a rispettare la diversità e a impegnarsi per la giustizia e la sostenibilità. L'integrazione di dialoghi etici nei curricula è essenziale per preparare gli studenti a prendere decisioni informate e responsabili.

Formazione Docenti: La realizzazione di una visione educativa per l'era transumanista è fortemente dipendente dalla formazione e dal supporto agli educatori. Gli insegnanti devono essere equipaggiati con le competenze, le conoscenze e le risorse necessarie per navigare in questo nuovo paesaggio educativo. Questo implica investimenti significativi nella formazione professionale, nel supporto continuo e nel riconoscimento del ruolo vitale che gli educatori giocano nella formazione del futuro.

Visione a Lungo Termine: Infine, è imperativo che le politiche e le pratiche educative siano informate da una visione a lungo termine. L'educazione deve preparare gli individui non solo per le esigenze immediate del mercato del lavoro, ma anche per essere cittadini attivi, pensatori critici e apprendisti per tutta la vita in un mondo in rapido cambiamento. Ciò richiede un impegno per la riflessione, la ricerca e l'innovazione continua nel campo dell'educazione.

In sintesi, mentre il transumanismo offre scenari futuri straordinari e spesso sfidanti, l'educazione rimane la chiave per navigare in questo futuro. La creazione di sistemi educativi che siano inclusivi, equi, eticamente informati e all'avanguardia nella tecnologia è un imperativo per realizzare il potenziale del transumanismo e per costruire un futuro in cui l'umanità possa prosperare.

35. Influenza sui Rapporti Interpersonali e Comunitari

La rivoluzione transumanista avrà un impatto significativo sui rapporti interpersonali e comunitari, influenzando come interagiamo gli uni con gli altri e come costruiamo e manteniamo le comunità. Esamineremo alcune delle dinamiche principali e dei cambiamenti che potrebbero verificarsi in questo settore.

Comunicazione Potenziata: L'introduzione di tecnologie avanzate può portare a nuove forme di comunicazione, superando le barriere linguistiche e spaziali. Gli strumenti di realtà virtuale e aumentata potrebbero offrire esperienze di interazione più immersive, mentre l'interfaccia cervello-computer potrebbe aprire la porta a forme di comunicazione non verbale e intuitiva. Queste evoluzioni potrebbero ridurre i malintesi e rafforzare i legami tra individui.

Relazioni Virtuali e Realtà Aumentata: La realtà virtuale e la realtà aumentata possono creare spazi sociali alternativi, offrendo nuove opportunità per costruire relazioni e comunità. Questo, tuttavia, solleva anche interrogativi sulla natura della realtà, sull'autenticità delle interazioni online e sull'importanza del contatto umano diretto. Dovremo riflettere su come bilanciare le relazioni virtuali e fisiche e su come mantenere l'autenticità e la profondità delle connessioni umane.

Coesistenza di Umano e Artificiale: Con l'avvento di intelligenze artificiali avanzate e l'evoluzione di robot sociali, si presenteranno nuove dinamiche nelle relazioni interpersonali. La coesistenza tra esseri umani e entità artificiali potrebbe modificare le aspettative nelle relazioni, la definizione di comunità e i criteri di appartenenza. È essenziale esplorare le implicazioni etiche e sociali di tali interazioni e definire limiti e normative.

Modifiche nell'Identità e nell'Auto-percezione: Le tecnologie transumaniste possono influire profondamente sull'identità individuale e collettiva, alterando la percezione del sé e dei rapporti con gli altri. L'accesso a potenziamenti cognitivi e fisici, la possibilità di modificare aspetti del proprio corpo e mente, e l'esplorazione di identità digitali possono portare a una rinegoziazione continua dell'identità e delle relazioni.

Comunità e Appartenenza: I cambiamenti nel modo in cui percepiamo noi stessi e gli altri influenzeranno inevitabilmente la costruzione delle comunità e il senso di appartenenza. Le questioni di inclusività, diversità e accettazione diventeranno ancora più centrali, mentre le comunità dovranno confrontarsi con la convivenza di individui potenziati e non potenziati, umani e non umani.

Implicazioni Etiche e Morali: Infine, tutte queste trasformazioni sollevano questioni etiche e morali fondamentali. Sarà importante garantire che le relazioni e le comunità del futuro siano costruite su valori di rispetto, empatia e giustizia. La riflessione etica e il dialogo aperto saranno essenziali per navigare in questo territorio inesplorato e per costruire un futuro in cui tutti possano sentirsi valorizzati e accettati.

In conclusione, il transumanismo porterà a una riconsiderazione radicale dei rapporti interpersonali e comunitari. Affrontare proattivamente queste sfide e creare un quadro etico e sociale solido sarà fondamentale per garantire un futuro armonioso e inclusivo.

In questo scenario in rapido cambiamento, è cruciale esaminare ulteriormente alcuni aspetti e considerazioni che possono emergere nell'ambito dei rapporti interpersonali e comunitari nell'era transumanista.

Salute Mentale e Benessere Emotivo: L'introduzione di tecnologie avanzate potrebbe avere implicazioni significative per la salute mentale e il benessere emotivo degli individui. Ad esempio, l'uso esteso di realtà virtuale e aumentata potrebbe portare a nuove forme di dipendenza, isolamento sociale o disturbi dell'immagine corporea. Inoltre, la possibilità di modifica cognitiva e fisica potrebbe creare pressioni sociali e aspettative riguardo al "miglioramento" del sé, con conseguenze sulla autostima e l'accettazione di sé.

Differenze Socioeconomiche: Un altro aspetto da considerare è l'impatto delle disparità socioeconomiche sull'accesso alle tecnologie transumaniste. Queste differenze possono creare divisioni ancora maggiori all'interno delle società, accentuando le disuguaglianze e influenzando la formazione di relazioni e comunità. È fondamentale sviluppare politiche e interventi che garantiscano un accesso equo e inclusivo alle nuove tecnologie, promuovendo la solidarietà e la coesione sociale.

Intimità e Privacy: Le tecnologie emergenti possono anche ridefinire il concetto di intimità e privacy. L'interconnessione e la condivisione di informazioni, inclusi dati biometrici e neurali, possono portare a nuove forme di vulnerabilità e esporre gli individui a rischi di violazioni della privacy. La società dovrà riflettere sui confini tra condivisione e riservatezza e sviluppare normative e protezioni adeguate.

Generazioni Future: È essenziale considerare anche l'impatto delle tecnologie transumaniste sulle generazioni future. I bambini cresciuti in un mondo in cui è possibile modificare e potenziare le proprie capacità potrebbero avere aspettative e valori diversi rispetto alle generazioni precedenti. Le implicazioni educative, etiche e sociali di tali cambiamenti dovranno essere esplorate attentamente, e sarà necessario un dialogo intergenerazionale aperto e costruttivo.

Diversità e Multiculturalismo: La convivenza di diverse culture e tradizioni è un altro elemento che influenzerà i rapporti interpersonali e comunitari. La diversità di opinioni e approcci verso le tecnologie transumaniste potrebbe portare a tensioni ma anche a opportunità di apprendimento e crescita. Fostering la comprensione interculturale e il rispetto reciproco sarà fondamentale in questo contesto di crescente diversità e complessità.

Ricerca dell'Autenticità: Infine, in un'epoca caratterizzata da rapidi cambiamenti e possibilità illimitate, la ricerca dell'autenticità diventerà un tema centrale. Gli individui potrebbero cercare di bilanciare le opportunità offerte dalle tecnologie avanzate con il desiderio di mantenere un senso di autenticità e umanità. Riflettere su cosa significa essere umani in un mondo transumanista sarà una questione fondamentale.

Queste considerazioni evidenziano la complessità e la profondità delle implicazioni dei progressi transumanisti sui rapporti interpersonali e comunitari. Continuare la riflessione, il dibattito e la ricerca in questi ambiti sarà cruciale per guidare la società verso un futuro equilibrato e umano.

L'influenza delle tecnologie transumaniste sui rapporti interpersonali e comunitari è un campo vasto e multifaccettato che esplora diverse dimensioni dell'esperienza umana.

Relazioni Virtuali: La crescente prevalenza delle tecnologie digitali sta già modificando il modo in cui le persone interagiscono e si connettono. L'espansione della realtà virtuale e delle interfacce neurali potrebbe portare a un aumento delle relazioni virtuali, che sfidano la nostra comprensione tradizionale dell'interazione umana. Le persone potrebbero formare legami profondi e significativi in ambienti virtuali, ma ciò solleva anche interrogativi sulla natura dell'amicizia e dell'amore in questi contesti.

Identità Fluida: Le possibilità di modificare il proprio corpo e la propria mente attraverso interventi tecnologici possono contribuire a una crescente fluidità dell'identità. Gli individui potrebbero sperimentare diversi aspetti di sé e esplorare identità multiple, sia nel mondo fisico che in quello virtuale. Questa fluidità può arricchire l'espressione individuale, ma potrebbe anche creare sfide nella definizione del sé e nei rapporti con gli altri.

Communità Ibride: Man mano che le tecnologie avanzate diventano sempre più integrate nella vita quotidiana, è probabile che si sviluppino comunità ibride composte da esseri umani, intelligenza artificiale, e forse esseri post-umani. Queste comunità potrebbero essere caratterizzate da nuove forme di cooperazione e interazione, ma anche da conflitti e tensioni legati alle differenze fondamentali tra gli enti che le compongono.

Etica della Relazione: Nell'era transumanista, la società potrebbe dover riconsiderare le norme etiche che governano le relazioni. Le questioni di consenso, responsabilità e rispetto possono assumere nuove sfumature quando le persone possono modificare la propria mente e corpo, e quando le relazioni possono formarsi tra entità profondamente diverse. Sarà essenziale sviluppare un quadro etico robusto che possa guidare l'interazione in questo nuovo panorama sociale.

Resilienza e Adattamento: L'abilità degli individui e delle comunità di adattarsi a questi cambiamenti radicali sarà messa alla prova. La resilienza psicologica e sociale diventerà sempre più importante, poiché le persone dovranno navigare in un mondo in cui i confini tra umano e tecnologico sono sempre più sfumati. La promozione della salute mentale e del benessere sarà fondamentale per supportare gli individui in questo percorso di adattamento.

Innovazione Sociale: Parallelamente alle sfide, emergono anche opportunità per l'innovazione sociale. Le tecnologie transumaniste possono essere utilizzate per promuovere l'inclusione, la partecipazione e la solidarietà. Esplorare modi per utilizzare queste tecnologie a beneficio della società nel suo insieme può portare a nuove forme di organizzazione sociale e comunitaria.

Queste riflessioni rappresentano solo la punta dell'iceberg nel vasto mare delle implicazioni delle tecnologie transumaniste sui rapporti interpersonali e comunitari. La continua esplorazione di questi temi contribuirà a plasmare un futuro in cui la tecnologia può arricchire, piuttosto che alienare, l'esperienza umana.

In conclusione, l'influenza delle tecnologie transumaniste sui rapporti interpersonali e comunitari è un dominio ampio e complesso che necessita di un'attenta considerazione e analisi. Le innovazioni in questo campo hanno il potenziale di ridefinire la nostra comprensione dell'identità, dell'interazione e della coesistenza, plasmando nuove strutture sociali e modelli di relazione.

Prospettive Future: Guardando al futuro, è essenziale che la società mantenga un dialogo aperto e continuo sulle implicazioni etiche, sociali e psicologiche delle tecnologie transumaniste. Dovranno essere affrontate questioni cruciali come la privacy, la dignità umana, la diversità e l'uguaglianza, garantendo che le innovazioni siano guidate da principi di giustizia e benessere per tutti.

Sviluppo Sostenibile: È inoltre fondamentale considerare la sostenibilità del rapido sviluppo tecnologico. Gli sforzi dovrebbero essere diretti verso l'identificazione di modalità sostenibili di integrazione delle tecnologie, per prevenire la creazione di divisioni sociali, garantire l'accesso equo e promuovere il benessere collettivo.

Educazione e Sensibilizzazione: Un aspetto chiave sarà l'educazione e la sensibilizzazione del pubblico riguardo ai benefici e ai rischi delle tecnologie transumaniste. L'informazione e la formazione giocate un ruolo centrale nella preparazione delle comunità a navigare e adattarsi ai cambiamenti futuri, incoraggiando una riflessione critica e un'adozione consapevole delle innovazioni.

Inclusione e Dialogo Interdisciplinare: Promuovere l'inclusione e il dialogo tra diverse discipline, settori e gruppi sociali sarà essenziale per assicurare che diverse prospettive siano rappresentate nella formulazione delle politiche e delle pratiche transumaniste. L'incrocio di saperi diversi può arricchire il dibattito e contribuire a formulare soluzioni equilibrate e inclusive.

Leggi e Normative: Parallelamente, lo sviluppo di leggi e normative che rispondano alle sfide emergenti è imperativo. Le regolamentazioni dovrebbero essere in grado di bilanciare l'innovazione con la protezione dei diritti umani, assicurando che le tecnologie siano sviluppate e implementate in modo etico e responsabile.

Etica dell'Empatia: Infine, nel cuore della transumanesimo dovrebbe risiedere un'etica dell'empatia e della compassione. Mentre esploriamo i confini del possibile, è vitale ricordare l'importanza delle relazioni umane, della solidarietà e della cura reciproca, valori che dovrebbero guidare il nostro percorso verso il futuro.

In sintesi, mentre ci avventuriamo nel territorio inesplorato del transumanesimo, è cruciale affrontare le questioni emergenti con saggezza, prudenza e un profondo senso di responsabilità etica e sociale. La riflessione continua, il dialogo aperto e l'approccio olistico e umanistico saranno fondamentali per garantire che le tecnologie transumaniste possano arricchire la nostra umanità, piuttosto che diminuirla.

36. Arte e Cultura in un'Epoca Transumana

Nell'era transumana, l'arte e la cultura sono destinate a subire trasformazioni profonde e rivoluzionarie, alla luce dell'intreccio sempre più stretto tra tecnologia, scienza e creatività umana. L'implicazione delle tecnologie avanzate non solo modifica i metodi di produzione artistica, ma anche la percezione, l'interpretazione e la fruizione dell'arte.

Nuovi Medium e Forme Espressive: La tecnologia offre nuovi medium e forme espressive, come la realtà virtuale, la realtà aumentata, e l'arte generativa basata sull'intelligenza artificiale. Questi strumenti permettono agli artisti di esplorare nuove dimensioni della creatività, superando i confini tradizionali e dando vita a opere d'arte inedite e immersive.

Interazione e Partecipazione: L'arte transumana favorisce l'interazione e la partecipazione attiva del pubblico. Le opere d'arte possono essere modificate, personalizzate e vissute in modi diversi da ciascun individuo, grazie alla possibilità di interfacciarsi direttamente con la tecnologia e di influire sull'esperienza artistica.

Esplorazione dell'Identità Umana: L'arte in un'epoca transumana diventa un veicolo privilegiato per esplorare le questioni dell'identità umana. Gli artisti indagano le possibilità e i limiti del corpo e della mente, riflettendo sul significato dell'essere umano in un mondo in cui le frontiere tra naturale e artificiale si sfumano.

Riflessione Etica e Sociale: Le opere d'arte transumane sono spesso impregnate di una profonda riflessione etica e sociale. Gli artisti si interrogano sull'impatto delle tecnologie avanzate sulla società, sull'ambiente, sui diritti umani, e contribuiscono a stimolare un dibattito pubblico su questi temi cruciali.

Cultura della Diversità e Inclusione: La cultura transumana promuove la diversità e l'inclusione, valorizzando le differenze e incoraggiando l'espressione delle molteplici identità e voci presenti nella società. La tecnologia può essere un mezzo per dare visibilità e voce a comunità marginalizzate e per costruire ponti tra culture diverse.

Evoluzione del Patrimonio Culturale: L'era transumana vede anche una rielaborazione e una reinterpretazione del patrimonio culturale. Il passato è rivisto alla luce delle nuove possibilità tecnologiche, e la conservazione e la fruizione dei beni culturali sono arricchite da strumenti digitali innovativi.

In sintesi, l'arte e la cultura nell'epoca transumana rappresentano un terreno fertile per l'innovazione, la riflessione e la crescita. Gli artisti e i creatori culturali hanno il compito e l'opportunità di guidare la società attraverso le trasformazioni in atto, proponendo visioni, stimolando la critica e costruendo un futuro in cui la tecnologia e l'umanità coesistano in armonia.

L'arte e la cultura, essendo essenziali per la natura umana, si trovano in una continua evoluzione nel contesto transumano. Il costante avanzamento tecnologico e scientifico contribuisce a modificare in modo significativo il panorama artistico e culturale, arricchendolo di nuove sfumature e prospettive.

Arte Bio-Tecnologica: L'introduzione di elementi biotecnologici nell'arte apre porte inimmaginabili. Artisti utilizzano materiali organici, ingegneria genetica e altre tecnologie per creare opere che vivono, respirano e cambiano nel tempo, sfidando la nostra percezione della vita e dell'arte.

Simbiosi tra Umano e Macchina: Il confine tra umano e macchina diventa sempre più indefinito, portando alla creazione di opere d'arte ibride. Questo tipo di arte esplora la simbiosi tra organico e inorganico, indagando le possibilità dell'integrazione corpo-macchina e delle sue implicazioni estetiche, etiche e sociali.

Intelligenza Artificiale Creativa: L'intelligenza artificiale sta acquisendo un ruolo sempre più centrale nella produzione artistica. Algoritmi di apprendimento automatico sono in grado di creare musica, pittura, poesia, esplorando stili, generi e tecniche in modi che vanno oltre la capacità umana, sollevando interrogativi sulla natura della creatività e sull'autorialità dell'opera d'arte.

Realità Mista e Esperienze Immersive: La fusione di realtà virtuale e aumentata dà vita alla realtà mista, che permette di immergersi completamente in mondi artistici creati digitalmente. Queste esperienze offrono modalità inedite di interazione con l'opera d'arte, rendendo l'osservatore parte integrante del processo creativo e dell'opera stessa.

Innovazioni nella Narrazione: Le tecnologie digitali introducono nuove forme di narrazione e storytelling. La narrazione interattiva, il transmedia storytelling, e le storie immersivi abilitano nuovi modi di raccontare e sperimentare storie, ampliando le possibilità espressive e coinvolgendo il pubblico in modi sempre più partecipativi.

Cultura Open Source e Collaborazione: La cultura dell'open source e la connettività globale favoriscono la collaborazione tra artisti di tutto il mondo, permettendo la creazione di opere collettive e la condivisione di idee e risorse. Questo approccio collaborativo può portare a nuove forme d'arte e a una democratizzazione dell'espressione artistica.

Estetica Post-Umana: L'arte transumana indaga anche l'evoluzione dell'estetica in un'epoca in cui il concetto di umano è in continua ridefinizione. Si esplorano nuove forme di bellezza, armonia, e significato, che riflettono la complessità e la diversità del panorama post-umano.

Influenza sulla Musica e Performance: La musica e le performance artistiche sono profondamente influenzate dall'era transumana. L'introduzione di strumenti musicali avanzati, la realtà virtuale nelle performance live, e la manipolazione del suono attraverso la tecnologia, creano nuove sonorità e esperienze concertistiche.

La trasformazione dell'arte e della cultura in un contesto transumano non è solo un fenomeno di superficie, ma riflette un cambiamento profondo nella comprensione dell'esistenza umana e del nostro rapporto con il mondo che ci circonda. L'arte diventa un mezzo per esplorare e interrogare le possibilità e i dilemmi dell'era transumana, fornendo spunti di riflessione e dialogo in una società in continua evoluzione.

In conclusione, l'arte e la cultura nell'epoca transumana sono testimoni di un'evoluzione senza precedenti, che non solo riformula l'espressione artistica, ma anche ridefinisce la nostra percezione della realtà e del sé. Le trasformazioni in atto in questo periodo influenzano ogni aspetto del panorama artistico e culturale, dando vita a nuove forme d'arte, nuove metodologie creative e nuove filosofie estetiche.

L'influenza dell'intelligenza artificiale, la simbiosi tra uomo e macchina, e l'uso di tecnologie avanzate come la realtà mista stanno ampliando i confini dell'espressione artistica e della sperimentazione culturale. La fusione di queste tecnologie con la creatività umana sta permettendo l'esplosione di opere che sfidano le convenzioni e esplorano tematiche inedite, dall'identità e l'autonomia, all'etica della creazione e alla natura della coscienza.

La cultura open source e la globalizzazione delle comunicazioni hanno inaugurato un'era di collaborazione e condivisione, permettendo a artisti e creatori di unire le forze e di sperimentare insieme. Questa democratizzazione dell'arte e della cultura sta facilitando l'emergere di nuove voci e nuove prospettive, contribuendo alla diversificazione e all'arricchimento del panorama artistico globale.

Inoltre, l'evoluzione dell'estetica post-umana e l'indagine su nuove forme di bellezza riflettono la trasformazione dell'identità umana in un'era in cui il corpo e la mente sono suscettibili di modifiche e miglioramenti. L'arte diventa, così, uno strumento di indagine e di riflessione su questi cambiamenti, offrendo spazi di dialogo e di interrogazione su ciò che significa essere umani in un mondo in continua evoluzione.

L'impact delle innovazioni tecnologiche sulla musica e le performance ha portato a nuovi livelli di espressione e a nuove esperienze per il pubblico, contribuendo alla continua reinvenzione di questi campi artistici. Da performances immersivi a concerti virtuali, le possibilità sono innumerevoli e continuano a crescere.

Tuttavia, è fondamentale riflettere su come queste trasformazioni influenzino il significato dell'arte e la sua funzione nella società. In un'epoca in cui la realtà può essere manipolata e l'identità è fluida, quali sono i nuovi criteri di autenticità e verità nell'arte? Come cambia il ruolo dell'artista in un mondo in cui la creatività non è più appannaggio esclusivo dell'essere umano? E come la società accoglie e interagisce con queste nuove forme d'arte e di espressione culturale?

In definitiva, l'arte e la cultura nell'era transumana sono specchio dei profondi cambiamenti in atto nella società e nella comprensione dell'essere umano, offrendo un terreno fertile per l'esplorazione di nuovi orizzonti e per la riflessione su questioni fondamentali relative all'esistenza, all'identità e al futuro dell'umanità.

37. Narrativa e Rappresentazione nei Media

Il ruolo dei media nel plasmare la narrativa e la rappresentazione del transumanesimo e della tecnologia è un elemento fondamentale per comprendere l'interazione tra la società e questi concetti futuristici. La narrativa nei media influisce sul modo in cui il pubblico percepisce e interpreta le possibilità e i rischi associati a questi sviluppi, creando un quadro di riferimento attraverso il quale le persone formulano opinioni e aspettative.

Nei media contemporanei, la rappresentazione del transumanesimo varia ampiamente. Da un lato, troviamo rappresentazioni ottimistiche che mettono in luce le potenzialità illimitate della tecnologia nel migliorare la vita umana, nell'eliminare malattie e limitazioni, e nel potenziare le capacità umane. Film, serie TV, e libri di fantascienza spesso esplorano scenari in cui l'umanità raggiunge nuovi apici grazie all'integrazione con la tecnologia, riflettendo aspirazioni utopiche e immaginando società avanzate e armoniose.

D'altro canto, non mancano rappresentazioni distopiche che mettono in evidenza i pericoli e i dilemmi etici associati al transumanesimo. Queste narrazioni sollevano questioni cruciali come la perdita dell'identità umana, la creazione di disuguaglianze e la possibilità di abuso di tecnologie avanzate. Racconti come quelli di "Black Mirror" esplorano le potenziali conseguenze negative di un utilizzo indiscriminato della tecnologia e interrogano il pubblico sui valori e le priorità della società.

La diversità di queste rappresentazioni riflette la complessità del dibattito sul transumanesimo e sulle sue implicazioni. Il modo in cui i media raccontano questi temi contribuisce a formare la coscienza pubblica, a influenzare il dialogo sociale e a determinare il livello di accettazione o resistenza nei confronti delle innovazioni tecnologiche.

Inoltre, la velocità con cui le notizie e le informazioni si diffondono nell'era digitale amplifica l'impact dei media sulla percezione del transumanesimo. La presenza di fake news e di informazioni fuorvianti può alterare la comprensione del pubblico e generare timori infondati o aspettative irrealistiche.

È pertanto essenziale promuovere una rappresentazione equilibrata e informativa del transumanesimo nei media, favorendo un approccio critico e riflessivo. La creazione di spazi di dialogo e discussione, la promozione di una cultura dell'informazione e dell'educazione, e l'incoraggiamento alla partecipazione attiva del pubblico sono strumenti chiave per costruire una narrativa costruttiva e consapevole.

In sintesi, la narrativa e la rappresentazione del transumanesimo nei media sono centrali nel modellare l'opinione pubblica e nel definire il percorso futuro di questa corrente. L'equilibrio tra visioni utopiche e distopiche, la lotta contro la disinformazione e la promozione del dialogo critico sono fondamentali per guidare la società verso un futuro in cui la tecnologia è al servizio dell'umanità, rispettando valori e diritti fondamentali.

Oltre alla pura rappresentazione nei media tradizionali, l'evoluzione del transumanesimo è stata influenzata anche dai media digitali, dai social media e dalle piattaforme di streaming. Questi nuovi mezzi di comunicazione hanno trasformato il modo in cui le idee vengono condivise e discusse, creando nuove dinamiche nel dibattito pubblico.

Per esempio, i podcast e i video su piattaforme come YouTube hanno reso accessibili al grande pubblico discorsi e riflessioni che una volta erano limitati a cerchie accademiche o a nicchie di appassionati. Questa democratizzazione dell'informazione ha portato a una maggiore esposizione del concetto di transumanesimo e ha permesso a voci diverse, provenienti da molteplici sfondi culturali e professionali, di contribuire al dibattito.

Tuttavia, proprio questa democratizzazione ha anche i suoi lati negativi. L'abbondanza di contenuti e la facilità con cui chiunque può condividere opinioni online hanno dato spazio a molte interpretazioni errate o fuorvianti del transumanesimo. Questo fenomeno è amplificato dall'effetto delle "camere dell'eco" nei social media, dove le persone tendono a interagire con contenuti che riflettono e rafforzano le loro credenze preesistenti, limitando l'esposizione a prospettive diverse.

Inoltre, il transumanesimo è spesso utilizzato come elemento di intrattenimento sensazionalistico. Serie TV, film e videogiochi possono presentare visioni del futuro e della tecnologia che, pur essendo affascinanti dal punto di vista narrativo, possono non essere accurati o realistici. Queste rappresentazioni possono condizionare le aspettative del pubblico, rendendo difficile distinguere la fantascienza dalla realtà scientifica e tecnologica.

Un altro aspetto degno di nota è l'interazione tra il transumanesimo e la cultura dei meme. Il concetto di "meme", introdotto dal biologo Richard Dawkins nel 1976, si riferisce a un'idea, stile o comportamento che si diffonde all'interno di una cultura. Con l'avvento di internet, il termine ha assunto un significato più ampio, riferendosi a immagini, video o frasi che vengono condivisi e modificati in massa online. Molti temi legati al transumanesimo sono diventati meme virali, spesso presentati in modo umoristico o irriverente, ma che contribuiscono a diffondere la consapevolezza di certe tematiche, pur se in maniera semplificata.

In questo contesto fluido e in rapida evoluzione, è fondamentale avere una formazione mediatica critica. Essere in grado di valutare le fonti, comprendere le intenzioni degli autori e distinguere la realtà dalla finzione è essenziale per navigare nel mare di informazioni disponibili e formarsi un'opinione informata sul transumanesimo e sul suo impatto sulla società.

In conclusione, la rappresentazione del transumanesimo nei media è una lente attraverso la quale il pubblico percepisce e interpreta i principi e le implicazioni di questa filosofia e movimento. La diversità dei media e delle piattaforme ha dato luogo a un panorama variegato, in cui si mescolano accuratezza e sensazionalismo, informazione e intrattenimento, riflessione critica e approccio superficiale.

L'abbondanza e la varietà di contenuti disponibili hanno reso il transumanesimo più accessibile e conosciuto dal grande pubblico, ma allo stesso tempo hanno anche alimentato misconcezioni e pregiudizi. La presenza di "camere dell'eco" e l'effetto amplificatore dei social media possono polarizzare il dibattito, ostruendo il dialogo costruttivo e limitando la comprensione delle sfaccettature e delle potenzialità del transumanesimo.

La cultura dei meme e la viralità delle idee su internet rappresentano sia un'opportunità che una sfida. Da un lato, possono contribuire a diffondere la consapevolezza e a stimolare l'interesse su temi transumanisti; dall'altro, rischiano di banalizzare concetti complessi e di promuovere una visione distorta o semplificata del transumanesimo. Inoltre, la velocità con cui le informazioni viaggiano online rende più difficile correggere eventuali errori o inaccuracies.

Il ruolo dell'educazione e della formazione mediatica è quindi fondamentale in questo contesto. È necessario promuovere un approccio critico e consapevole all'utilizzo dei media, per permettere agli individui di distinguere tra fonti affidabili e non, tra realtà e finzione, tra analisi approfondite e opinione superficiale. Inoltre, è importante incoraggiare la pluralità di voci e prospettive nel dibattito sul transumanesimo, favorendo l'inclusione di diversi punti di vista e esperienze.

Solo attraverso una comprensione informata e un dialogo aperto e costruttivo si potrà costruire un discorso pubblico sul transumanesimo che sia equilibrato, inclusivo e rispettoso delle differenze. In questo modo, si potranno meglio esplorare e valutare le opportunità e le sfide che il transumanesimo porta con sé, contribuendo a plasmare un futuro in cui tecnologia e umanità coesistano in modo armonioso e sostenibile.

38. Dibattiti Politici e Direzione Societaria

Il transumanesimo ha indotto numerosi dibattiti politici e discussioni sulla direzione societaria, sollevando questioni relative ai diritti umani, alla bioetica, all'equità, alla distribuzione delle risorse e al rapporto tra tecnologia e potere. Questo capitolo esplorerà come questi dibattiti influenzano la visione della società e come il transumanesimo può essere integrato nei sistemi politici e sociali esistenti.

1. **Diritti Umani e Bioetica:**

   - Il transumanesimo solleva interrogativi essenziali sui diritti umani. Quali diritti dovrebbero essere garantiti alle persone potenziate? E alle intelligenze artificiali? Questi dibattiti mettono in luce la necessità di sviluppare nuove normative bioetiche adatte a questa era di avanzamenti tecnologici.

2. **Equità e Distribuzione delle Risorse:**

- La questione dell'accesso alle tecnologie avanzate e ai miglioramenti biologici è centrale. Esiste il rischio che tali tecnologie siano accessibili solo a una ristretta élite, accentuando le disuguaglianze esistenti e creando nuove forme di divisione sociale.

3. **Tecnologia e Potere:**

- La relazione tra tecnologia e potere è cruciale. Chi controlla le tecnologie avanzate ha un'influenza significativa sulla direzione della società. I dibattiti politici devono affrontare la concentrazione del potere tecnologico e cercare soluzioni per garantire un utilizzo equo ed etico delle tecnologie.

4. **Sviluppo Sostenibile:**

- Il transumanesimo deve essere allineato agli obiettivi di sviluppo sostenibile. È fondamentale valutare l'impatto ambientale delle nuove tecnologie e promuovere pratiche sostenibili per garantire il benessere delle generazioni future.

5. **Partecipazione e Democrazia:**

   - La direzione della società transumana non dovrebbe essere decisa solo da un ristretto gruppo di esperti o da grandi aziende tecnologiche. È essenziale promuovere la partecipazione democratica e includere diverse voci e prospettive nei dibattiti sulla trasformazione della società.

6. **Regolamentazione e Legislazione:**

   - Gli sviluppi nel campo del transumanesimo necessitano di adeguati quadri normativi. Le legislazioni esistenti spesso non sono in grado di tenere il passo con le innovazioni tecnologiche, rendendo imperativo l'adattamento e la creazione di nuove leggi.

7. **Educazione e Informazione:**

   - L'educazione gioca un ruolo cruciale nell'informare il pubblico sui temi del transumanesimo. Un pubblico ben informato è in grado di partecipare attivamente ai dibattiti e contribuire a plasmare la direzione della società.

8. **Visione a Lungo Termine:**

   - I dibattiti politici devono considerare le implicazioni a lungo termine del transumanesimo. È necessario un approccio proattivo e visionario per anticipare le sfide future e sviluppare soluzioni sostenibili.

Questi aspetti evidenziano come il transumanesimo non sia solo una questione di sviluppo tecnologico, ma implichi profonde riflessioni etiche, politiche e sociali. La società nel suo insieme deve essere coinvolta in questi dibattiti, al fine di costruire un futuro in cui il progresso tecnologico sia al servizio dell'umanità e non viceversa.

39. Sviluppi Legali: Diritti e Responsabilità

La rapida evoluzione delle tecnologie legate al transumanesimo ha reso imperativo affrontare una serie di questioni legali. In questa era di sviluppo senza precedenti, diritti e responsabilità diventano argomenti centrali e necessitano di un esame approfondito per bilanciare i benefici dell'innovazione con la protezione dell'individuo e della società nel suo complesso.

1. Diritti dell'Individuo Potenziato:

- **Autonomia e Consenso Informato:** Gli individui hanno il diritto di decidere autonomamente riguardo ai potenziamenti e alle modifiche corporee, purché siano adeguatamente informati sui rischi e sui benefici.

- **Privacy e Dati Personali:** Con l'aumento delle tecnologie che raccolgono dati, è fondamentale garantire la tutela della privacy e la sicurezza dei dati personali.

2. Responsabilità e Regolamentazione:

- **Normative Chiare:** È necessario sviluppare normative chiare e coerenti che regolino l'uso e l'applicazione delle tecnologie transumanistiche, per prevenire abusi e garantire la sicurezza.

- **Responsabilità dei Produttori:** Le aziende e i ricercatori che sviluppano nuove tecnologie devono essere tenuti responsabili per la sicurezza e l'efficacia dei loro prodotti.

3. Diritti delle Intelligenze Artificiali:

- **Status Legale:** La crescente autonomia delle IA solleva la questione del loro status legale. Dovrebbero avere diritti? Se sì, quali?

- **Responsabilità e Accountability:** In caso di azioni dannose compiute da un'IA, chi dovrebbe essere ritenuto responsabile? È essenziale definire meccanismi di accountability.

4. Accesso Equo e Giustizia Sociale:

- **Disuguaglianze:** La possibilità di accedere alle tecnologie transumanistiche potrebbe accentuare le disuguaglianze esistenti. È necessario un approccio legale che promuova l'equità e la giustizia sociale.

- **Salute Pubblica:** Le modifiche genetiche e i potenziamenti biologici sollevano questioni legate alla salute pubblica e necessitano di un quadro regolamentare specifico.

5. Brevetti e Proprietà Intellettuale:

- **Innovazione vs Accessibilità:** La protezione della proprietà intellettuale deve bilanciare la necessità di incentivare l'innovazione con la necessità di garantire l'accesso alle tecnologie.

6. Implicazioni Etiche e Morali:

- **Valori Umani:** Le normative devono riflettere e rispettare i valori umani fondamentali, garantendo la dignità e il rispetto dell'individuo.

- **Dialogo Pubblico:** È fondamentale favorire un dialogo pubblico aperto e inclusivo sulle questioni etiche e morali sollevate dal transumanesimo.

7. Diritto Internazionale e Cooperazione:

- **Standard Globali:** L'impatto globale del transumanesimo richiede la creazione di standard e normative internazionali.

- **Cooperazione e Condivisione:** La cooperazione tra stati e la condivisione delle conoscenze sono essenziali per affrontare le sfide transfrontaliere.

8. Diritto del Lavoro e Impiego:

- **Impatto sul Lavoro:** L'introduzione di tecnologie avanzate e IA modificherà il panorama lavorativo, necessitando di aggiornamenti nel diritto del lavoro.

- **Formazione e Riqualificazione:** Le normative devono supportare la formazione continua e la riqualificazione dei lavoratori.

Conclusione:

Gli sviluppi legali nel campo del transumanesimo sono essenziali per navigare in un territorio non esplorato, dove i confini tra umano e macchina si stanno sfumando. La creazione di un solido quadro giuridico è fondamentale per garantire che le innovazioni tecnologiche siano realizzate in modo etico, sicuro ed

40. Visioni del Futuro: Speranze e Paure

Le visioni del futuro nell'ambito del transumanesimo sono profondamente radicate nelle speranze e nelle paure dell'umanità, poiché ci confrontiamo con le potenzialità e i pericoli delle tecnologie emergenti. Queste visioni possono variare da utopiche a distopiche, e solitamente sono influenzate da diverse considerazioni etiche, filosofiche, sociali e culturali.

1. Speranze:

- **Potenziamento delle Capacità Umane:** Una delle speranze più significative è che la tecnologia potrebbe potenziare le capacità umane, migliorando la nostra salute, intelligenza e longevità.

- **Sviluppo Sostenibile:** Le tecnologie transumanistiche possono offrire soluzioni innovative per risolvere problemi globali come il cambiamento climatico, la povertà e le malattie.

- **Esplorazione e Colonizzazione dello Spazio:** Il transumanesimo potrebbe rendere possibile la vita umana nello spazio, spingendo i confini dell'esplorazione e della colonizzazione.

- **Intelligenza Artificiale Benevola:** L'evoluzione dell'IA offre la speranza di sviluppare sistemi intelligenti che possono collaborare con gli esseri umani per il bene comune.

- **Cultura e Arte:** Nuove forme di espressione e creazione artistica potrebbero emergere, arricchendo la cultura umana.

2. Paure:

- **Disuguaglianze e Divisioni Sociali:** Esiste la preoccupazione che l'accesso alle tecnologie avanzate potrebbe essere limitato, accentuando le disuguaglianze e creando divisioni tra "potenziati" e "non potenziati".

- **Perdita dell'Identità Umana:** Alcuni temono che la fusione con le macchine possa erodere ciò che significa essere umani, portando a una perdita di identità e valori.

- **Controllo e Sorveglianza:** L'aumento delle tecnologie di monitoraggio e controllo potrebbe

portare a regimi autoritari e alla perdita di libertà
e privacy.

- **Intelligenza Artificiale Malintenzionata:**
  L'uso distorto dell'IA, o la creazione di IA
  autonome e non controllate, solleva
  preoccupazioni su possibili scenari apocalittici.

- **Etica e Moralità:** Le modifiche genetiche, il
  potenziamento cognitivo e altre pratiche
  transumanistiche sollevano questioni etiche
  profonde e non risolte.

3. Equilibrio e Riflessione:

- **Dialogo e Dibattito Pubblico:** È essenziale
  avere un dialogo aperto e costruttivo sulla
  direzione del transumanesimo, considerando sia
  le speranze che le paure.

- **Regolamentazione e Politiche:** Le paure
  possono essere mitigate attraverso la creazione di
  normative e politiche etiche, che garantiscano
  l'uso responsabile delle tecnologie.

- **Educazione e Consapevolezza:** Informare e
  educare il pubblico sui potenziali benefici e rischi
  è cruciale per sviluppare una visione equilibrata
  del futuro.

Conclusione:

Le visioni del futuro generate dal transumanesimo sono complesse e multiformi, oscillando tra l'entusiasmo per le potenzialità illimitate e la preoccupazione per le possibili conseguenze negative. Il modo in cui società, governi e individui navigano in questo scenario incerto determinerà se il futuro sarà caratterizzato da speranze realizzate o da paure concretizzate. Un approccio ponderato, etico e inclusivo può aiutare a plasmare un futuro in cui la tecnologia è al servizio dell'umanità, e non il contrario.

Il dibattito sul futuro dell'umanità nel contesto del transumanesimo continua a evolversi, coinvolgendo una varietà di discipline e prospettive. Oltre alle speranze e alle paure già discusse, ci sono molteplici sfaccettature e domande ancora aperte che meritano considerazione approfondita.

Nuove Forme di Società

Mentre la tecnologia avanza, si pone la domanda su come questa influenzerà la struttura e la dinamica delle società future. Alcuni suggeriscono l'emergere di società più egualitarie e inclusive, in cui il miglioramento delle capacità umane riduce le disuguaglianze. Altri, tuttavia, temono l'avvento di nuove forme di stratificazione sociale, con un divario crescente tra chi ha accesso alle tecnologie avanzate e chi ne è escluso.

Sfide Etiche Continuate

Le questioni etiche rimangono al centro del dibattito transumanistico. Le tecnologie di ingegneria genetica, ad esempio, suscitano interrogativi sulla creazione di "esseri umani superiori" e sul diritto di modificare la propria biologia. Inoltre, l'interazione e l'integrazione tra esseri umani e intelligenza artificiale sollevano dilemmi sulla coscienza, l'autonomia e i diritti delle entità sintetiche.

Filosofia e Riflessione Umana

Il transumanesimo interroga profondamente la filosofia umana, spingendo a riflessioni sui limiti della condizione umana e sul significato della vita. Il superamento dei confini biologici e la prospettiva dell'immortalità sollevano domande esistenziali e riflessioni sul valore della mortalità, sulla spiritualità e sul senso della vita in un'epoca post-umana.

Implicazioni Economiche

Le tecnologie transumanistiche avranno inevitabilmente un impatto significativo sull'economia globale. Da un lato, potrebbero creare nuovi mercati e opportunità di lavoro, ma dall'altro potrebbero anche rendere obsoleti alcuni settori e competenze, causando disoccupazione e instabilità. La transizione verso un'economia in cui la tecnologia ha un ruolo centrale richiederà adattamenti e strategie innovative per mantenere l'equilibrio sociale ed economico.

Impatto Ambientale

Le tecnologie emergenti possono offrire soluzioni per affrontare i cambiamenti climatici e la perdita di biodiversità, ma allo stesso tempo potrebbero generare nuove sfide ambientali. La produzione e l'uso di tecnologie avanzate richiedono risorse e energia, con conseguenti effetti sull'ambiente. La gestione sostenibile di queste tecnologie sarà cruciale per evitare danni ecologici a lungo termine.

Tecnologia e Psiche Umana

L'interazione sempre più stretta tra tecnologia e mente umana potrebbe portare a nuove forme di consapevolezza e cognizione. L'ingresso in un'era in cui la realtà virtuale e aumentata diventano comuni solleva interrogativi sulla percezione della realtà, sull'identità personale e sulla costruzione del sé in mondi digitali. Questi cambiamenti potrebbero influenzare profondamente il modo in cui gli individui vivono, pensano e interagiscono.

Cultura e Identità

Il transumanesimo influenzerà anche la cultura e l'identità collettiva. La possibilità di modificare aspetti fisici e cognitivi potrebbe portare a nuove forme di espressione culturale e artistica, ma anche a dibattiti su cosa significhi appartenere a una comunità o a una nazione. La diversità culturale potrebbe essere arricchita o, al contrario, potrebbe emergere un'omogeneizzazione culturale guidata dalla tecnologia.

In conclusione, il transumanesimo presenta un orizzonte vasto e complesso di possibilità, interrogativi e sfide. La navigazione attraverso questo paesaggio richiederà saggezza, riflessione critica e un impegno collettivo per assicurare che le trasformazioni future siano guidate da principi etici e orientate verso il bene comune. La strada che ci attende è incertae piena.

La visione del futuro tra speranze e paure all'interno del contesto transumanistico è una tematica ricca di sfumature e di complessità, che invita a un'analisi approfondita delle implicazioni potenziali. Le prospettive future possono oscillare tra un'utopia tecnologica e una distopia in cui l'umanità potrebbe perdere il controllo sui propri strumenti e creazioni.

Speranze

Le speranze legate al transumanesimo sono molteplici. La possibilità di superare i limiti fisici e mentali dell'umanità, di combattere le malattie, di prolungare la vita e di aumentare le capacità cognitive sono aspirazioni profondamente radicate nell'immaginario collettivo. Si spera che l'evoluzione tecnologica possa risolvere problemi irrisolti, contribuire alla risoluzione di crisi globali come il cambiamento climatico, e realizzare una società più giusta ed equa.

Paure

D'altra parte, le paure sono altrettanto presenti nel dibattito. L'idea di una perdita di controllo sulla tecnologia, la creazione di disuguaglianze ancora più profonde, la possibile manipolazione dell'essere umano, e i rischi etici legati all'ingegneria genetica e all'intelligenza artificiale sono tematiche che sollevano interrogativi fondamentali. Inoltre, la preoccupazione che l'umanità possa perdere di vista valori essenziali e che l'individuo possa essere ridotto a un insieme di dati sono questioni che meritano attenzione e riflessione.

Bilanciamento

In questo scenario, è fondamentale trovare un equilibrio tra le potenzialità offerte dal transumanesimo e la salvaguardia dell'etica, dell'identità umana e dei valori fondamentali. Sarà necessario un dialogo interdisciplinare, che coinvolga non solo scienziati e ingegneri, ma anche filosofi, etici, religiosi e rappresentanti della società civile. Questo dialogo dovrà essere inclusivo e partecipativo, permettendo a diverse voci di essere ascoltate e contribuire alla definizione di un percorso condiviso.

Regolamentazione e Governance

La creazione di un quadro normativo e di governance è
un altro elemento chiave per gestire lo sviluppo del
transumanesimo. Le leggi e le regole dovranno essere
in grado di adattarsi ai rapidi cambiamenti tecnologici,
garantendo al contempo la protezione dei diritti umani
e la salvaguardia dell'interesse pubblico. La
trasparenza, l'accountability e la partecipazione
democratica saranno principi guida nella definizione di
questo quadro.

Educazione e Preparazione

Infine, preparare la società ai cambiamenti futuri sarà
essenziale. L'educazione avrà un ruolo centrale nel
fornire le competenze e le conoscenze necessarie per
navigare in un mondo sempre più influenzato dalla
tecnologia. Sarà anche fondamentale promuovere una
cultura dell'etica e della responsabilità, che guidi
individui e comunità nelle scelte future.

Concludendo, il futuro dell'umanità nel panorama
transumanistico è una tela ancora da dipingere, ricca di
possibilità ma anche di sfide e interrogativi. La
costruzione di questo futuro sarà un compito collettivo,
che richiederà saggezza, visione e un impegno
condiviso verso obiettivi etici e socialmente sostenibili.
Il dialogo, la riflessione e l'azione responsabile saranno
gli strumenti con cui l'umanità potrà plasmare un
futuro in cui tecnologia e umanità coesistano in

armonia, rispettando la dignità e il valore dell'individuo.

Conclusione del Libro: Transumanesimo e la sua Influenza sulla Società

Il transumanesimo, come abbiamo esplorato in questo libro, rappresenta una delle frontiere più affascinanti e contestate del pensiero e della pratica contemporanea. Attraversando vari temi e argomenti, abbiamo sondato le profondità e le complessità della relazione tra l'essere umano e la tecnologia avanzata.

Riassunto dei Punti Principali:

1. **Introduzione al Transumanesimo**: Esaminando le origini e le definizioni, abbiamo stabilito una base di comprensione dell'argomento.

2. **Implicazioni Tecnologiche**: Ci siamo immersi nella relazione tra l'uomo e la tecnologia, esplorando le possibilità di estensione della vita, potenziamento cognitivo e potenziamento fisico.

3. **Implicazioni Etiche**: Abbiamo affrontato le sfide morali che emergono quando l'umanità cerca di trascendere i suoi limiti naturali.

4. **Conflitti e Divergenze Filosofiche**: Ci siamo concentrati sulle varie scuole di pensiero e sulle critiche al transumanesimo.

5. **Impatto sull'Individuo e Identità Umana**:
   Abbiamo analizzato come il transumanesimo
   potrebbe influenzare il nostro concetto di sé.

6. **Educazione e Preparazione per il Futuro**:
   Abbiamo esplorato come la società può
   prepararsi per un futuro transumanista.

7. **Influenza sui Rapporti Interpersonali e
   Comunitari**: Abbiamo riflettuto sull'effetto del
   transumanesimo sui nostri legami personali e
   comunitari.

8. **Arte, Cultura, e Media**: Abbiamo investigato
   la rappresentazione e l'influenza del
   transumanesimo in questi settori.

9. **Dibattiti Politici e Direzione Societaria**:
   Abbiamo esaminato come il transumanesimo
   influenzi e sia influenzato dalla politica e dalla
   società.

Risorse Utili:

Se desideri approfondire ulteriormente il transumanesimo e le sue implicazioni, ecco alcune risorse online e guide che potrebbero esserti utili:

1. **Humanity+**: www.humanityplus.org

   - Una delle principali organizzazioni dedicate al transumanesimo, offre articoli, conferenze e risorse sul tema.

2. **Transhumanist FAQ**: www.transhumanism.org/resources/FAQs.html

   - Una collezione di domande frequenti che affronta molte delle questioni comuni riguardanti il transumanesimo.

3. **IEET (Institute for Ethics and Emerging Technologies)**: www.ieet.org

   - Una fonte di ricerca e commenti sugli aspetti etici e sociali delle tecnologie emergenti.

4. **Future of Life Institute**: www.futureoflife.org

   - Si concentra su temi come intelligenza artificiale, biotecnologie e altre questioni correlate al futuro dell'umanità.

5. **Books & Guides**:

- "The Transhumanist Reader" di Max More e Natasha Vita-More.

- "Transhumanism: A Grimoire of Alchemical Agendas" di Joseph P. Farrell e Scott D. de Hart.

Concludendo, il transumanesimo rappresenta una complessa intersezione tra scienza, tecnologia, filosofia e società. Come tale, merita una riflessione approfondita, un'apertura al dialogo e una continua ricerca. Grazie per aver intrapreso questo viaggio di scoperta con noi. Il futuro potrebbe essere imprevedibile, ma con informazione e comprensione, possiamo navigarlo con saggezza e speranza.